高等院校信息技术课程学习辅导丛书

Visual FoxPro
学习辅导与上机实验

薛磊 杨亚南 朱家群 方骥 编著

U0345328

清华大学出版社
北京

内 容 简 介

　　本书为普通高校学生学习 Visual FoxPro 程序设计的辅助用书。书中列出了 Visual FoxPro 各部分的知识要点,对容易混淆的概念和容易忽略的细节给出了提示。同时,通过例题及解析,对难点和易错之处作了详细的分析。此外,书中还为每章配备了相应的实验,给出了具体的实验要求和步骤,使学习者能够循序渐进,最终掌握使用 VFP 开发管理系统的基本方法。

　　本书可以作为一般的"Visual FoxPro 程序设计"教材的配套用书,也可以作为全国计算机等级考试二级 Visual FoxPro 的参考用书。

图书在版编目(CIP)数据

Visual FoxPro学习辅导与上机实验/薛磊,杨亚南,朱家群,方骥编著.—北京:清华大学出版社,2006.11(2015.8重印)

(高等院校信息技术课程学习辅导丛书)

ISBN 978-7-302-13955-3

Ⅰ.V…　Ⅱ.①薛…②杨…③朱…④方…　Ⅲ.关系数据库－数据库管理系统,Visual FoxPro－高等学校－教学参考资料　Ⅳ.TP311.138

中国版本图书馆 CIP 数据核字(2006)第 120361 号

责任编辑:袁勤勇　王冰飞
责任印制:何　芊

出版发行:清华大学出版社
　　　网　　址:http://www.tup.com.cn,http://www.wqbook.com
　　　地　　址:北京清华大学学研大厦 A 座　　　　邮　　编:100084
　　　社 总 机:010-62770175　　　　　　　　　　邮　　购:010-62786544
　　　投稿与读者服务:010-62776969,c-service@tup.tsinghua.edu.cn
　　　质 量 反 馈:010-62772015,zhiliang@tup.tsinghua.edu.cn
印 刷 者:清华大学印刷厂
装 订 者:三河市新茂装订有限公司
经　　销:全国新华书店
开　　本:185mm×260mm　　　印　张:13.75　　　字　　数:324 千字
版　　次:2006 年 11 月第 1 版　　　　　　　　　印　　次:2015 年 8 月第 8 次印刷
印　　数:11701～12400
定　　价:29.00 元

产品编号:023732-03/TP

前 言

Visual FoxPro 6.0 是小型关系数据库管理系统的杰出代表,它以优良的性能、丰富的工具、较高的处理速度、友好的界面以及完备的兼容性等,备受广大用户的欢迎。许多院校都开设了 Visual FoxPro 程序设计课程,以此作为学习关系型数据库管理系统的入门课程。

但是这门课程知识点多、内容琐碎,给初学者带来不小的困难。为了帮助学习者抓住重点,快速掌握关系数据库的基本知识、VFP 系统的使用方法以及使用 VFP 开发管理系统的要领,我们组织编写了《Visual FoxPro 学习辅导与上机实验》一书。

全书共分 12 章,每一章由知识要点、经典例题以及上机操作三个部分组成,基本涵盖了"全国计算机等级考试大纲"中 Visual FoxPro 程序设计部分的知识点。

"知识要点"部分去繁就简,取其精华,简明扼要地阐述本章的主要概念和知识点,对容易出错之处给以重点提示和说明,对容易混淆的概念进行了比较和分析。

"经典例题"部分包含选择题和填充题两类题型,每题都有较为详细的解释,主要对容易出错、容易忽略的知识点进行进一步阐述和分析,同时也补充不宜组织在"知识要点"部分的其他零散知识点。

"上机操作"部分由实验构成,涵盖本章要掌握的主要操作技能。整个实验安排由浅入深,循序渐进,最终指导学习者完成一个数据库系统的开发。其中的每个实验都有明确的实验内容和具体的操作步骤,可以引导学习者一步一步地完成实验。同时实验也是对理论知识的进一步强化,实验中安排的"填空"、"试一试"和"思考题"等内容,避免了"按部就班、机械操作,知其然不知其所以然"的现象,促使学习者在思考中完成实验,进一步拓展了学习者的思维空间。对问题比较集中的实验,还安排了"常见问题"环节,对操作中经常出现的问题给出解释和解决的办法。此外,在实验的设计上强调与应用结合,增设综合性实验和设计性实验。例如,实验"数据库的设计与实现"要求学习者综合运用所学的理论知识和操作方法,建立一个完整的后台数据库;"表单综合设计"实验则要求学习者运用有关表单控件的知识、SQL 命令以及编程技巧设计完成一个较复杂的具有统计查询功能的表单;最后的"大作业"则给出了一个系统从设计到实现的完整过程,有助于学生进一步了解整个项目的开发过程。

本书由薛磊、杨亚南主编,朱家群和方骧老师参加了编写。尽管我们做了许多努力,但由于水平有限,加之时间仓促,书中难免有内容不妥和错误之处,敬请广大读者批评指正。

编者
2014 年 7 月

▶CONTENTS

目　录

第1章 数据库基础知识及 VFP 概述

本章基本要求：

1. 理论知识

- 掌握数据管理技术的发展以及各阶段的特点。
- 掌握数据库、数据库系统和数据库管理系统的基本概念以及相互之间的关系。
- 掌握数据模型，尤其是关系模型的概念和特点。
- 掌握传统的集合运算和专门的关系运算。
- 掌握 VFP 的系统特点和工作方式。
- 掌握项目的概念，熟悉项目管理器各选项卡的内容。

2. 上机操作

- 熟悉 VFP 的工作环境。
- 掌握项目管理器的使用。

1.1 知识要点

1.1.1 数据库系统基础知识

1. 数据管理技术的发展

数据管理技术的发展可以分为 3 个阶段：人工管理阶段、文件系统阶段、数据库管理阶段，如表 1-1 所示。

表 1-1 数据管理各阶段的特点

特点＼阶段	人工管理阶段	文件管理阶段	数据库管理阶段
数据的管理者	用户（程序员）	文件系统	数据库系统
数据的针对者	特定应用程序	面向某一应用	面向整体应用
数据的共享性	无共享	共享差，冗余大	共享好，冗余小
数据的独立性	无独立性	独立性差	独立性好
数据的结构化	无结构	记录有结构，整体无结构	整体结构化

2. 数据库、数据库管理系统和数据库系统

（1）数据库（DB）

数据库是长期存储在计算机中的、结构化的可共享的数据的集合。它不仅包含数据，而且还包含数据之间的关系。在 VFP 中，数据库被看作是一个容器。

（2）数据库管理系统（DBMS）

数据库管理系统是位于用户与操作系统之间，负责数据库存取、维护和管理的软件系统，它是一种系统软件，是数据库系统的核心。

（3）数据库系统（DBS）

数据库系统是引进了数据库技术后的计算机系统。它由数据库、数据库管理系统、软件（包括操作系统）、硬件和人员（包括用户、程序员和数据库管理员）组成。

3. 数据库系统的特点

与文件系统相比，数据库系统具有数据的独立性强、冗余度低、共享性好以及结构化的特点。

1.1.2 数据模型

数据模型是现实世界数据特征的抽象。现实世界中的具体事物经过抽象形成信息世界中的概念模型，将概念模型进一步转换，形成某一 DBMS 支持的数据模型。概念模型主要用于数据库设计，常用 E-R（实体－联系）图来描述，数据模型主要用于 DBMS 的实现，有层次模型、网状模型和关系模型等。

1. 基本概念

实体：客观存在并且可以相互区别的事物。实体可以是具体的人或事物，也可以是抽象的概念或者联系。

属性：实体所具有的某一特性。一个实体可以由若干个属性来描述。

码：唯一标识实体的一个或者多个属性的集合称为码。

域：属性值的取值范围。

实体型：具有相同属性的实体必然具有相同的特性。用实体名及其属性名集合来抽象和刻画同类实体，称为实体型。例如，学生（学号，姓名，性别，出生时间，入学时间）就是一个实体型。

联系：现实世界中的事物内部以及事物之间是有联系的，这些联系体现在信息世界中反映为实体内部属性之间的联系或者不同实体集之间的联系。两个实体集之间的联系有一对一、一对多和多对多三种。

2. 关系模型

虽然在数据库领域中数据模型有层次模型、网状模型和关系模型等多种，但是关系模型是目前最重要的一种数据模型，它建立在严格的数学概念的基础上，绝大多数数据库管

理系统都是基于关系模型的关系型数据库管理系统。

关系模型的逻辑结构是一张二维表,由行和列组成。关于关系模型,重点掌握以下概念:

- 关系:一个关系对应通常说的一张二维表,对应于关系数据库中的表。
- 元组:表中的一行即为一个元组,对应于关系数据库中的记录。
- 属性:表中的一列即为一个属性,对应于关系数据库中的字段。
- 域:属性的取值范围。
- 主码:表中的某个属性组,它可以唯一确定一个元组。

3. 关系模型的特征

- 关系模型中的每个属性(列)是不可分割的最小数据项。
- 同一关系中的属性不可重名。
- 关系中不应出现重复的元组。
- 关系中的元组可以任意交换位置,关系中的属性也可以任意交换位置。

4. 关系运算

关系的基本运算有两类:一类是传统的集合运算;另一类是专门的关系运算。

(1) 集合运算

进行集合运算的两个关系必须具有相同的关系模式,即结构要相同。集合运算有并、交、差、积。

(2) 专门的关系运算

专门的关系运算主要用于对数据库的查询,主要有选择运算、投影运算和连接运算。

1.1.3 VFP 的系统环境配置

通过选择"工具"→"选项"菜单命令,可以打开"选项"对话框,在"选项"对话框中能完成 VFP 的系统环境配置。

1. 设置默认目录

在使用 VFP 来开发项目时,通常要建立一个文件夹,用来保存在开发过程中创建的项目、表、数据库、表单、菜单、报表、程序等文件。把这个文件夹设置为默认目录,可以使得上述文件自动保存在这个文件夹中,有利于整个项目文档的管理。在"文件位置"选项卡中可以完成此项设置。

2. 指定日期格式

日期格式决定了录入记录和显示结果时的日期格式。在"区域"选项卡中完成。

3. 相关命令

- 设置默认的工作文件夹:SET DEFAULT TO

- 指定日期格式为标准格式：SET DATE TO ANSI
- 指定日期间隔符号：SET MARK TO '-'　&& 指定间隔符号为"-"
- 显示完整的年份：SET CENTURY ON

1.1.4　项目

1. 项目的概念

项目一经创建,将形成项目主文件.PJX文件和项目备注文件.PJT文件。项目文件其实是一个普通的VFP表文件,其中存放着项目管理器中各个对象的文件位置、说明、类型等信息,所以项目文件是组织和管理其他文件的文件。

2. 有关项目的命令

- 创建项目：CREATE PROJECT［＜项目文件名＞］。
- 修改项目：MODIFY PROJECT［＜项目文件名＞］。

1.2　经 典 例 题

1.2.1　选择题

【例 1-1】　关系模型用二维表格的结构形式来表示_____。

A）实体　　　　　　　　　　　　　B）实体间的联系

C）记录和字段　　　　　　　　　　D）实体以及实体之间的联系

答案：D

【解析】　本题主要考核实体的概念。实体不仅包含具体的事物,如学生、课程等,还包括抽象的概念和事物之间的联系,如选课。在关系模型中,这些都是用二维表格来表示的。

【例 1-2】　下面关于数据库系统的叙述正确的是_____。

A）数据库系统比文件系统的数据独立性更强

B）数据库系统避免了数据冗余

C）数据库系统的数据一致性是指数据类型一致

D）数据库系统是数据库管理系统中的一部分

答案：A

【解析】　本题考核数据库系统的有关概念,包括数据库系统与文件系统的区别、数据库系统的特点以及数据库系统与数据库管理系统、数据库三者之间的关系。

【例 1-3】　对于关系的描述中,正确的是_____。

A）同一个关系中允许存在完全相同的元组

B）在一个关系中可以交换任意两列或者任意两行的数据

C）在一个关系中,关键字一定是其中的某个属性

D）在一个关系中,同一行数据的数据类型通常是相同的

答案：B

【解析】 本题考核关系的基本概念,在同一个关系中不允许有完全相同的元组和相同的属性名;关系中元组的次序和属性的次序无关紧要,关系中的关键字不一定是一个属性,也可能是几个属性的组合。

【例 1-4】 关系是指_____。

A)元组的集合   B)属性的集合

C)字段的集合   D)实例的集合

答案：A

【解析】 在关系模型中,二维表的每一行称为一个元组,元组的集合称为关系。

【例 1-5】 将两个关系按照相同的属性元素连接在一起构成新的二维表的操作称为_____。

A)连接   B)投影   C)选择   D)筛选

答案：A

【解析】 在一个关系中找出符合条件的元组的操作叫选择;在一个关系中指定若干个属性组成新的关系叫投影;连接则是将两个关系按照一定条件合并成新的关系;筛选不属于关系运算。

【例 1-6】 对关系 R 和关系 S 进行集合运算,产生的新的关系中的元组既属于 R,又属于 S,则此运算是_____。

A)并运算   B)交运算   C)差运算   D)积运算

答案：B

【解析】 关系 R 和关系 S 的并运算产生的关系中既包含 R 中的元组,又包含 S 中的元组;关系 R 和关系 S 的交运算产生的关系中的元组既属于 R 又属于 S;关系 R 和关系 S 的差运算产生的关系中的元组属于 R 但不属于 S;积运算产生的是两个关系的笛卡儿积。

【例 1-7】 项目管理器的功能是组织和管理与项目有关的各种类型的_____。

A)表   B)程序   C)数据   D)文件

答案：D

【解析】 本题考核项目管理器的基本概念,项目管理器是组织和管理与项目有关的各类文件的工具,是 VFP 的控制中心。

【例 1-8】 在 VFP 的项目管理器中不存在的选项卡是_____。

A)数据   B)类   C)菜单   D)文档

答案：C

【解析】 项目管理器中共有"全部"、"数据"、"文档"、"类"、"代码"和"其他"6 个选项卡。"全部"选项卡中囊括了项目中的所有文件;"数据"选项卡中包括"数据库"以及其中的表、视图、连接和存储过程,还包括"自由表"、"查询"等;"文档"选项卡中包括"表单"、"报表"和"标签";"代码"选项卡中主要包括"程序"和 API 函数库;"类"选项卡管理类文件;"其他"选项卡包括"菜单"、"文本文件"和"其他文件"。

【例 1-9】 若同时打开 A、B 两个项目,对于从 A 项目中拖放文件到 B 项目的操作,下列说法中正确的是_____。

A）拖放操作后,在 B 项目中创建了该文件的副本

B）A 项目中的任何文件都可以拖放到 B 项目

C）拖放操作并不创建文件的副本,只保存了一个对该文件的引用

D）若拖放操作成功,则 A 项目中不存在该文件了

答案:C

【解析】 项目中的每一个文件都是独立的,项目与项目中文件的关系只是一种引用关系,一个文件可以被多个项目引用,或者说项目之间可以共享文件。但是并非所有文件都可以共享,如数据库表就只能属于一个数据库,不允许把一个数据库表直接拖放到另一个数据库中。

【例 1-10】 在项目管理器中使用"新建"按钮创建的文件_____。

A）不包含在该项目中

B）既可包含也可不包含在该项目中

C）自动包含在该项目中

D）可以被任意一个项目包含

答案:C

【解析】 在 Visual FoxPro 中,使用项目管理器的"新建"按钮创建的文件自动包含在该项目中,但是使用"文件"菜单中的"新建"命令创建文件时,即使打开项目管理器窗口,所创建的文件也不属于项目。

1.2.2 填充题

【例 1-11】 常见的数据模型有层次模型、网状模型和关系模型,其中_____模型的结构是树形结构。

答案:层次

【解析】 层次模型用树形结构来表示各类实体以及实体之间的联系,满足层次模型的基本条件是:①有且仅有一个结点没有双亲结点,这个结点称为根结点;②根以外的其他结点有且仅有一个双亲结点。网络模型采用无向图结构,关系模型采用二维表结构。

【例 1-12】 对关系进行选择、投影、连接运算后产生的运算结果仍然是一个_____。

答案:关系

【解析】 对关系进行关系运算的结果仍然是一个关系。

【例 1-13】 数据库系统由_____、数据库管理系统、硬件、软件和用户组成。

答案:数据库

【解析】 数据库系统是以数据库应用为基础的计算机系统。其中数据库是数据的集合;硬件指计算机硬件设备;软件主要指操作系统、应用程序开发工具和数据库应用系统;用户指应用程序设计员、终端用户和数据库管理员。

【例 1-14】 如果要改变一个关系中属性的排列顺序,应使用的关系运算是_____。

答案:投影

【解析】 投影运算是从关系中选择若干指定字段,它从列的角度进行运算,可以改变

属性的顺序。

【例1-15】 要使项目之外的文件包含到项目文件中,需要使用项目管理器的_____按钮。

答案:添加

【解析】 项目管理器窗口中的"添加"按钮可以把在项目之外创建的表、数据库、程序、表单等文件包含到项目中,"移去"按钮可以将项目中的文件移到项目之外或者删除。

【例1-16】 Visual FoxPro 6.0 的工作方式包括菜单方式、_____和程序方式。

答案:命令方式

【解析】 菜单操作方式是指根据所需的操作从菜单中选择相应的命令(与 Word 类似),每执行一次菜单命令,命令窗口中一般都会显示出与菜单对应的命令内容。命令交互方式是根据所要进行的各项操作,采用人机对话方式在命令窗口中按格式要求逐条输入所需命令,按回车后,机器逐条执行。程序执行方式先在程序编辑窗口中根据要求编写程序,然后再让机器执行。

1.3 上 机 操 作

实验 Visual FoxPro 6.0 集成环境和项目的建立

【实验目的】

- 掌握 VFP 6.0 启动和退出方法。
- 熟悉 VFP 6.0 的集成环境(系统的菜单、工具栏、命令窗口、对话框等)。
- 了解定制主窗口、工具栏和命令窗口的方法。
- 掌握项目的创建、关闭和打开,掌握项目管理器的使用。

【实验准备】

1. 熟悉 Windows 操作系统的环境和基本操作。
2. 在 A 盘上创建文件夹:教学管理。

【实验内容和步骤】

1. 启动 VFP 6.0

用鼠标单击任务栏上的"开始"按钮,移动鼠标至"程序",单击下级菜单中的"Visual FoxPro 6.0",启动 VFP 6.0。

2. 观察系统菜单的变化

通过菜单栏可以完成系统绝大部分的操作。VFP 6.0 的菜单是动态的,"动态"表现在:菜单栏会随着当前的工作不同而有所增减;菜单下的菜单项也会随着当前工作的变化而变化(增、减、变灰、变亮)。

观察菜单的动态变化：

主窗口中的命令窗口处于打开状态时，可见菜单栏中含有"格式"菜单，"文件"菜单中的"关闭"菜单项呈亮色。

关闭命令窗口，可见"格式"菜单消失了，再查看"文件"菜单中的"关闭"菜单项，发现呈灰色。

3. 定制工具栏

（1）工具栏的泊留与浮动

启动 VFP 6.0 后，系统默认将"常用"工具栏"泊留"于主窗口的顶部（图 1-1）。

图 1-1　"泊留"于主窗口的工具栏

① 将鼠标光标指向工具栏的非按钮区域，按住鼠标左键，将工具栏拖动到主窗口的中央。工具栏成为"浮动"的工具栏窗口（图 1-2），其标题即为工具栏的类型。

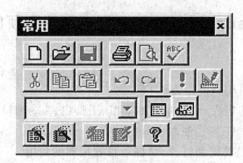

图 1-2　"浮动"的工具栏窗口

② 拖动工具栏窗口的边或角改变其形状。

③ 先双击"浮动"工具栏窗口的标题栏，或拖动"浮动"工具栏窗口的标题栏到主窗口的四边，将工具栏泊留在主窗口顶部，成为"泊留"工具栏；然后双击"泊留"工具栏的非按钮区，或用鼠标将其拖动到主窗口的中央，切换成"浮动"的工具栏窗口，实现泊留和浮动两种状态之间的切换。

（2）选择工具栏

选择工具栏的方法有以下两种：

① 选择"显示"→"工具栏"菜单命令，弹出"工具栏"对话框（图 1-3），在该对话框中，可通过单击"工具栏"列表框中的复选框进行取舍。

② 将鼠标光标指向某一工具栏区域，然后右击鼠标，出现工具栏快捷菜单，在该菜单中进行选择。

（3）定制工具栏

• 增删系统工具栏中的按钮

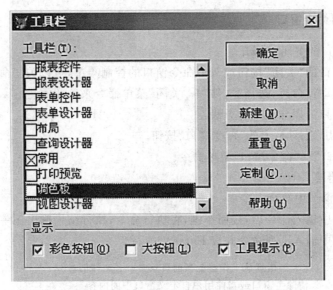

图 1-3 "工具栏"对话框

　　在如图 1-3 所示"工具栏"对话框中,单击"定制"按钮,出现"定制工具栏"对话框(图 1-4)。在对话框中先任选一个按钮拖动到主窗口中的工具栏域中,则该工具栏中将增加被拖动的按钮;然后再把工具栏中的按钮拖出工具栏区域,被拖的按钮被从工具栏中删除;最后单击"定制工具栏"对话框中的"关闭"按钮,结束定制。

　　• 重置系统工具栏

　　在如图 1-3 所示"工具栏"对话框中,首先选定工具栏类型列表框中需要进行重置的工具栏名称,单击"重置"按钮,被选定的工具栏恢复为系统的默认状态。

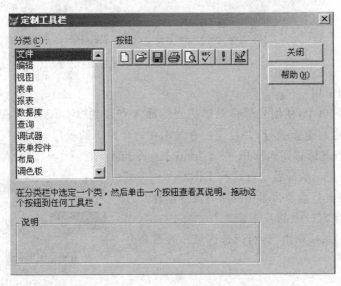

图 1-4 "定制工具栏"对话框

4. 练习使用命令窗口

(1) 命令窗口的关闭与打开

单击命令窗口的"关闭"按钮或双击命令窗口的控制菜单,可以关闭命令窗口,也可以在命令窗口为活动窗口时,选择"文件"→"关闭"菜单命令来关闭。

打开命令窗口的操作有三种方法:

① 单击"常用"工具栏上的"命令窗口"按钮。

② 选择"窗口"→"命令窗口"菜单命令。

③ 使用快捷键 Ctrl+F2。

(2) 在命令窗口中执行命令

在命令窗口中输入命令后,按回车键,将执行命令,执行结果输出到主窗口中。

在命令窗口中输入下列命令并按 Enter 键执行。

```
DIR *.*        && 列出默认工作盘上当前目录中所有文件信息
CLEAR          && 清除主窗口或当前用户自定义窗口中的内容
```

提示:

在命令窗口或程序中,命令右边可以用"&&"进行注释,&& 及其后的内容对其左边的命令不会有任何影响。以后练习中,命令的注释只是对命令的功能进行说明,上机操作时不必输入。如果命令书写错误,将会出现一个系统警告对话框(图 1-5)。

图 1-5　系统警告对话框

(3) 命令的重用

① 在命令窗口中,使用光标移动键把光标插入点移到"CLEAR"所在的命令行上并按 Enter 键,命令将重新执行,并且该命令显示在命令窗口的最后一行。

② 把插入点光标移到如"DIR *.*"所在的命令行上,在"*.*"前插入"C:\",按 Enter 键执行则在命令窗口的最后一行显示"DIR C:*.*"并在主窗口中列出 C 盘根目录中的所有文件信息。

③ 选中命令窗口中的若干命令行,单击右键,出现快捷菜单(图 1-6),单击"运行所选区域",查看命令执行结果。

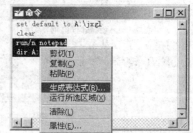

图 1-6　运行所选区域

5. 创建项目

(1) 将在实验准备中创建的文件夹设置为默认

的工作目录

在命令窗口中输入如下命令：

SET DEFAULT TO A:\教学管理

(2) 创建一个项目文件：jxgl. pjx

① 选择"文件"→"新建"菜单命令，或单击工具栏上的"新建"按钮，打开"新建"对话框(图 1-7)。

② 在"新建"对话框中选择"项目"，单击"新建文件"按钮，出现"创建"对话框。

③ 输入项目的文件名"jxgl"(图 1-8)，单击"保存"按钮。新建的项目"jxgl"被自动打开在"项目管理器"窗口中(图 1-9)。

图 1-7 "新建"对话框

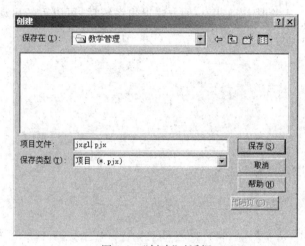

图 1-8 "创建"对话框

(3) 关闭项目

单击项目管理器窗口右上角的"关闭"按钮，或选择"文件"→"关闭"菜单命令关闭项目。如果项目中没有添加任何文件，关闭时将出现如图 1-10 所示的询问对话框，单击"保持"按钮，以保存文件。

图 1-9 "项目管理器"窗口

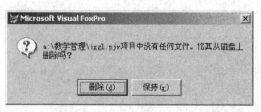

图 1-10 询问对话框

（4）打开项目

选择"文件"→"打开"菜单命令,或单击"常用"工具栏中的"打开"按钮,打开"打开"对话框,在对话框中选择"文件类型"为"项目",选择或输入项目文件名 jxgl. pjx,单击"确定"按钮。

6. 退出 VFP 6.0

退出 VFP 系统有三种方式:

- 单击主窗口右上角的"关闭"按钮。
- 选择"文件"→"退出(X)"菜单项。
- 在命令窗口中执行"QUIT"命令。

实验时,当使用一种方法退出系统后,可以重新启动 VFP,再练习其他的退出方法。

第 2 章　**Visual FoxPro**
基本语法与规定

本章基本要求：

1. 理论知识

- 掌握 VFP 的命令语法规则。
- 掌握各种类型的常量和变量。
- 掌握数组的定义和使用。
- 掌握 VFP 中常用的系统函数。

2. 上机操作

- 通过实验掌握各种常量和变量的使用方法。
- 掌握常用系统函数。
- 学会使用常量、变量、数组和函数写出正确的表达式。

2.1 知 识 要 点

2.1.1 命令语法规则

1. 命令格式

命令的格式为：命令动词 子句。

例如：显示内存变量信息 DISPLAY MEMORY 的命令格式为：

DISPLAY MEMORY [LIKE<通配符>][TO PRINTER][PROMPT][TO FILE FILENAME]

其中分隔符的含义为：

- "< >"表示其内的选项是必须有的。
- "[ ]"表示其内的选项是可选的。
- "[< >]"表示有该选项时尖括号内的内容是必需的。

2. 子句类型

　　子句的类型有：范围子句、字段子句、FOR/WHILE 子句。这些子句都是针对数据表相关操作命令的。

　　(1) 范围子句

　　表示命令对该范围内的记录起作用,常见有如下格式：

RECORD <N>　　　指定第 N 条记录

NEXT <N>　　　　从当前记录开始的 N 条记录

ALL　　　　　　表示表中所有的记录

REST　　　　　从当前记录开始到文件结束的所有记录

　　(2) 字段子句

　　表的字段名称后跟字段名列表,每个字段名之间用逗号分隔。

　　(3) FOR/WHILE 子句

　　该子句后跟一个逻辑表达式,当逻辑表达式值为.T.时以实施命令操作。

FOR 子句　　　　表示在整个数据表文件中筛选出符合条件的记录

WHILE 子句　　　表示从当前记录开始顺序寻找第一个满足条件的记录,再继续向下查找,直至不满足条件为止

2.1.2　数据类型

　　VFP 提供了许多数据类型,这些类型中常用的有如下几种。

1. 字符型(C)

　　字符型由字母、汉字、数字、空格、符号和标点等组成。

2. 数值型(N)

　　该类型表示数量,数值型可以分为整数、实数和浮点数等。

3. 逻辑型(L)

　　该类型只有两个值,即真(.T. 或.Y.)和假(.F. 或.N.)。它的长度固定为一个字节。

4. 日期型(D)

该类型用于存放日期,占有 8 个字节。

除上述常用的类型外,还有整数型(I)、双精度型(B)、浮点型(F)、货币型(Y)、备注型(M)和通用型(G)等。

2.1.3 常量

常量的值在整个运行过程中保持不变,用它可以参与构成各种表达式。常用的有以下几种类型。

1. 字符型常量

字符型常量,也称为字符串。它由成对出现的单引号、双引号或方括号括起来。

> 提示:
> * 字符串的定界符必须是英文半角状态的字符。
> * 空格也可作为字符串的部分。例如:""和" "是不同的两个常量,""表示空的字符串,而" "表示只有一个空格的字符串。
> * 计算一个字符串的长度时,按照一个英文半角字符占一个字节,一个汉字占用两个字节的原则进行计算。

2. 数值型常量

数值型常量由阿拉伯数字、小数点和正负号构成。另外,也可以用科学记数法表示,例如:2.56E-5 代表 2.56×10^{-5}。

3. 日期型常量

日期型常量表示的格式为{^yyyy/mm/dd},例如:{^2006/02/20}。VFP 中支持许多国家的日期格式,可以用命令 SET DATE TO 来改变默认的日期显示格式。

4. 逻辑型常量

逻辑型常量只有两种值:真(用.T. 或.Y. 表示)和假(用.F. 或.N. 表示),它用来描述对事物两种状态的判断。逻辑类型数据在内存中占一个字节。

5. 常量名的定义

在 VFP 的程序设计中,可以使用预处理器命令为某个常量命名。

例如:#DEFINE PI 3.14159,这样就可以用 PI 代表 3.14159 的值。但要注意的是,该命令只能在程序设计中使用,不可以在命令窗口中使用。

2.1.4 变量

变量是指在程序运行过程中其值可能发生变化的量。在 VFP 中变量可分为字段变量、内存变量、系统变量等。另外变量和常量一样有多种类型，常见的有数值型、字符型、逻辑型、日期型、货币型等。

1. 内存变量

用户可以通过命令或程序定义内存变量，定义后系统会为每个变量分配一段临时存储区域。在 VFP 中内存变量可用于存放常数、中间结果或最终结果。

在 VFP 中内存变量不需要特别声明，可以用 Store 命令或"="直接赋值。Store 命令一次可以给多个变量赋值。在赋值的同时，也就完成了变量的创建并确定其所属的类型。

【例 2-1】 在命令窗口分别输入以下命令：

```
DATE={^2002/02/10}
STORE ″张三″ TO NAME1,NAME2
? DATE,NAME1,NAME2
DISPLAY MEMORY                && 查看前面定义的变量
```

2. 字段变量

字段变量是数据表结构的一部分，当表在内存中打开时系统为每个字段建立对应的变量。使用时直接用对应的字段名来引用，其值等于当前记录该字段的值。

3. 数组变量

数组是有序数据的集合。在使用数组之前必须事先进行定义，定义后如果没有赋值则默认为逻辑类型且值为.F.。在 VFP 中，数组元素的下标从 1 开始。

【例 2-2】 定义数组并赋值。

```
DIMENSION A(3),B(4)
A=10
? A(1),A(2),A(3)          && 对数组名赋值,所有元素的值均为 10
B(1)=″VISUAL″
B(2)=″FOX″
B(3)=″PRO6.0″
? B(1)+B(2)+B(3)          && 结果是 VISUALFOXPRO6.0
? B(4)                    && B(4)没有赋值,其默认值为.F.
```

2.1.5 常见函数及其应用

系统函数是系统内部事先定义好的具有特定功能的一段程序，它的一般格式如下：
函数名([<参数名 1>][,<参数名 2>]…[,<参数名 n>])

1. 数值处理函数

　　数值处理函数包括数值转换、数值运算、三角、对数指数等函数，其返回值均为数值型，常见数值处理函数见表 2-1。

表 2-1　常用的数值处理函数

语　法	功　能	举　例	运行结果
INT(<EXPN>)	返回参数的整数部分	? INT(234.56)	234
SQRT(<EXPN>)	返回参数的平方根	? SQRT(100-36)	8.0
MOD(<EXPN1>,<EXPN2>)	返回<EXPN1>与<EXPN2>的余数	? MOD(98,3) ? MOD(98,−3)	2 −1
ROUND(<EXPN1>,EXPN2)	返回<EXPN1>四舍五入后的值	? ROUND(14.235,2) ? ROUND(14.235,0)	14.24 14
ABS(<EXPN>)	返回参数的绝对值	? ABS(−5 * 3)	15
EXP(<EXPN>)	返回 e^x 的值	? EXP(−2)	0.14
LOG(<EXPN>)	返回以 e 为底自然对数的值	? LOG(5.8)	1.76
MAX(<EXPN1>,<EXPN2>…)	返回最大值	? MAX(2,2.5,5)	5
MIN(<EXPN1>,<EXPN2>…)	返回最小值	? MIN(5,6,12)	5

【例 2-3】　ROUND(15.235,−1)＝20

【例 2 4】　MOD(100,3)＝1
　　　　　　MOD(100,−3)＝−2
　　　　　　MOD(−100,3)＝2
　　　　　　MOD(−100,−3)＝ −1

提示：

对于 MOD(M,N)函数,通常两个参数均大于 0。但在有些考试题目中,故意将某些参数设置为小于 0 的数,这种情况按照下列规律求取模函数的值:

$$MOD(M,N) = N + MOD(|M|,|N|) \qquad M > 0, N < 0;$$
$$MOD(M,N) = N - MOD(|M|,|N|) \qquad M < 0, N > 0;$$
$$MOD(M,N) = -MOD(|M|,|N|) \qquad M < 0, N < 0;$$

2. 字符处理函数

(1) 字符表达式测试函数(见表 2-2)

表 2-2 字符表达式测试函数

语　法	功　能	返回类型	举　例	运行结果
AT(<EXPC1>, <EXPC2> [,<EXPN>])	返回字符串 1 在字符串 2 中从左数第<EXPN> 次出现的位置	N	? AT('B','ABCDBC') ? AT('B','ABCDBC',2) ? AT("教授","副教授")	2 5 3
RAT(<EXPC1>, <EXPC2> [,<EXPN>])	返回字符串 1 在字符串 2 中从右数第<EXPN> 次出现的位置	N	? RAT('B','ABCDBC') ? RAT('B','ABCDBC',2)	5 2
ISALPHA(<EXPC>)	测试字符串<EXPC> 的第一个字符是否是 字符	L	? ISALPHA('AB2CD') ? ISALPHA('3ABCD')	.T. .F.
ISDIGIT(<EXPC>)	测试字符串<EXPC> 的第一个字符是否是 数字	L	? ISDIGIT('AB2CD') ? ISDIGIT('3ABCD')	.F. .T.
LEN(<EXPC>)	返回字符串的长度	N	? LEN("VFP6.0 中文版")	12
ISLOWER(<EXPC>)	测试字符串<EXPC> 的第一个字符是否是 小写	L	? ISLOWER("vfp6.0") ? ISLOWER("Vfp6.0")	.T. .F.
ISUPPER(<EXPC>)	测试字符串<EXPC> 的第一个字符是否是 大写	L	? ISUPPER("vfp6.0") ? ISUPPER("Vfp6.0")	.F. .T.

（2）字符串的截取与转换函数（见表 2-3）

表 2-3　字符串的截取与转换函数

语　法	功　能	返回值类型
SUBSTR(<EXPC>,<EXPN1>[,<EXPN2>])	取字符串<EXPC>的子串	C
LEFT(<EXPC>,<EXPN>)	从左边截取<EXPN>个字符	C
RIGHT(<EXPC>,<EXPN>)	从右边截取<EXPN>个字符	C
TRIM(<EXPC>)	截掉尾部空格	C
ALLTRIM(<EXPC>)	截掉左、右两边的空格	C
SPACE(<EXPN>)	返回长度为<EXPN>的空格串	C
UPPER(<EXPC>)	将字符转换成大写字母	C
LOWER(<EXPC>)	将字符转换成小写字母	C

【例 2-5】　SUBSTR("江苏工业学院",5)="工业学院"
　　　　　　SUBSTR("江苏工业学院",5,4)="工业"

提示：

　　对于函数 SUBSTR("江苏工业学院",5,4)，如果第 3 个参数省略，则表示所取的子串从第 5 个字符开始直至字符串结束。

3. 日期与时间函数

常用的日期与时间函数如表 2-4 所示。

表 2-4　常用日期与时间函数

语　法	功　能	返回类型
DATE()	返回当前系统日期	D
YEAR(<EXPD>)	返回<EXPD>年份	N
MONTH(<EXPD>)	返回<EXPD>月份	N
DAY(<EXPD>)	返回<EXPD>中的日期	N
TIME()	返回当前系统时间	C

【例 2-6】　? DATE()　　　　&&DATE()返回系统当前日期
　　　　　　? YEAR(DATE())　　&& 返回当前日期的年份
　　　　　　? TIME()　　　　　&& 返回当前系统时间，返回值类型为字符型

4. 类型转换函数

常用类型转换函数如表 2-5 所示。

表 2-5 类型转换函数

语 法	功 能	返回类型
STR(<EXPN1>,<EXPN2>[,<EXP3>])	将<EXPN1>转换为字符型	C
VAL(<EXPC>)	将字符型转换为数值型	N
ASC(<EXPC>)	返回第一个字符的 ASCII 值	N
CHR(<EXPN>)	返回对应的 ASCII 字符	C
CTOD(<EXPC>)	将<EXPC>转换为日期型	D
DTOC(<EXPD>)	将日期转换为字符型	C

【例 2-7】 VAL('32A1')=32

提示:

　　当表达式中含有非数字字符时,转换函数将该字符开始往后的所有字符和数字都丢弃。

【例 2-8】 ? CTOD("04/15/06") 　　&& 结果为日期类型
　　　　　? DTOC({^2006/04/15}) 　　&& 结果为字符串类型

5. 宏替换 &

宏替换 & 是个特殊的函数,有些书籍将 & 看成一个运算符。"&"的作用是,将 & 后的字符内存变量替换为其内容进行计算,要注意的是替换后该位置数据的类型不一定为原来的类型。

【例 2-9】 在命令窗口中输入以下命令:

a="123"
b=10
c=8
? 2 * &a 　　& 宏替换后变成数值型,表达式的结果是 246
opt="+"
? b &opt c 　　& 宏替换后变成字符型,为加号运算符

2.1.6　表达式

表达式是变量、常量、函数和相关运算符组合得到的式子,它表达了用户所需完成的操作。

根据表达式的最终结果类型,它可以分为数值型、字符型、逻辑型与日期型等。

运算符是处理数据运算的符号,又称为操作符,表达式中参与运算的数据又称为操作数。运算符可以分为 5 种,它们是算术运算符、字符运算符、日期时间运算符、关系运算符和逻辑运算符。

在书写表达式时,要注意运算符的优先级别和结合性。

优先级是指在混合运算的表达式中,不同运算符有不同的运算次序。

结合性指当运算符的优先级别相同时,要根据结合的方向来确定运算的先后次序,VFP 中的结合性为从左到右。

1. 算术表达式

算术表达式中用到的运算符如表 2-6 所示。

表 2-6　算术运算符

运　算　符	操　作	优　先　级
（　）	分组结合	1
—	负号运算,取相反值	2
＋	加号运算	2
ˆ 或 ＊＊	乘幂	3
％	取模	4
＊	乘	4
/	除	4
＋	加	5
—	减	5

说明:

以上表格中,优先级的取值越小则优先级别越高(以下表格类同)。

【例 2-10】　$2*3\%5=6\%5=1$

$2*3**3=2*27=54$(由此结果分析可知,乘幂运算符优先级高于乘法)

2. 字符表达式

字符表达式中用到的运算符如表 2-7 所示。

表 2-7　字符运算符

运　算　符	操　作	优　先　级
＋	连接两个字符串	1
—	连接两个字符串,并将第一个字符串尾部空格移到后一个字符串之后	1
$	包含比较运算	2

【例 2-11】　在命令窗口分别输入以下命令:

?"VFP□"+"6.0"　　　　&& 结果为 VFP□6.0
?"VFP□"−"6.0"　　　　&& 结果为 VFP6.0□

(以上命令中的"□"表示空格,请注意＋和－运算的区别)

【例 2-12】　?"a"+"b" $ "abcd"　　　　　&& 结果为.T.

　　　　　　?'a' $ "b"+"a"　　　　　　&& 结果为.T.

提示：

　　因为在字符运算中"+"优先级高于"$"，所以在例 2-12 中表达式的运算次序为：先进行字符串连接运算，然后再进行包含比较运算。这样得到两个表达式的值均为.T.。

3. 日期时间表达式

有关日期和时间的运算符如表 2-8 所示。

表 2-8　日期时间运算符

运算符	操　作	优先级
＋	日期型数据和整数相加,其结果为日期型	1
－	两个日期型相减,其结果为两日期相差的天数	1

【例 2-13】　在命令窗口分别输入以下命令：

? {^2002/10/08}+10　　　　　　&& 其结果值为十天以后的日期型数据

? {^2002/10/08}－{^2002/09/08}　　&& 其结果值为两个日期相差的天数

【例 2-14】　{^2002/10/08}－{^2002/09/08}+10＝30+10＝40

提示：

　　优先级别相同,根据结合性(从左向右)先算"－"再算"+"。

4. 关系表达式

关系表达式的运算结果是逻辑值,所使用的关系运算符如表 2-9 所示。

表 2-9　关系运算符

运　算　符	操　作	优先级
＜	小于比较运算	1
＞	大于比较运算	1
＜＝	小于或等于比较运算	1
＞＝	大于或等于比较运算	1
＝	比较运算符	1
＝＝	精确比较运算	1
＜＞,＃,!＝	不等于比较	1

字符型表达式的比较有两种情况：一是 ASCII 字符（半角），按照其 ASCII 值的大小来比较；二是全角字符（包括汉字），按照机内码的大小来比较。

字符串的比较，按照从左到右的顺序逐个字符比较。如果用"＝＝"来比较两个字符串时要求两个字符串完全相同。若是用"＝"比较时，其结果与 SET EXACT 命令的状态有关，当其状态为"ON"时"＝"与"＝＝"的比较结果完全相同；当其状态为"OFF"时，称为模糊比较，对于表达式 A＝B 如果 B 中每个字符与 A 中前面的每个字符对应相同，则其值为 .T. 。

【例 2-15】　? 2＞3＝(4＞5)　　　　　&& 结果为 .T.

　　　　　　　　?"abc"＞"abab"　　　　　&& 结果为 .T.

【例 2-16】　在命令窗口中输入以下命令：

SET EXACT OFF　　　　&& 此时"＝"为模糊比较

?"abcd"＝"ab"　　　　&& 结果为.T.

? "ab"＝"abcd"　　　　&& 结果为.F.

SET EXACT ON　　　　&& 此时"＝"为精确比较

?"abcd"＝"ab"　　　　&& 结果为.F.

> **提示：**
> "＝＝"为精确比较，它不受命令 SET EXACT 的状态影响。

5. 逻辑表达式

逻辑表达式的结果仍是逻辑值，所用的逻辑运算符如表 2-10 所示。

表 2-10　逻辑运算符

运算符	操　作	优先级
.NOT. !	逻辑非，用于取反一个逻辑值	1
.AND.	逻辑与，对两个逻辑值进行与运算	2
.OR.	逻辑或，用于对两个逻辑值进行或运算	2

【例 2-17】　.F. or!. F. ＝. T.

3＞2 .AND. 5＞4＝. T.

> **提示：**
> 由以上结果分析可知，比较运算符高于逻辑运算符。

在前面每个运算符表格中均列出了同种类型运算符间的优先级，但要注意的是不同类型运算符之间也有不同的优先级。一般来说，优先级别的顺序是：数值型、字符型、日期型和货币型为平级最高，其次是关系型，逻辑类型最低。

提示：

- 不要把数学中一些习惯性书写的表达式照搬到 VFP 中来，这样可能会造成一些意想不到的错误。例如，"2x+ab"在 VFP 中应该写成"2 * x+a * b"，"2<x<10"在 VFP 中应该写成"2<x .and. x<10"。

- 适当使用圆括号，正确书写表达式。例如，常有初学者将表达式 $\dfrac{2x+10}{(a+b)(a-b)}$ 错误地写成(2 * x+10)/(a+b) * (a-b)，正确的写法是(2 * x+10)/((a+b) * (a-b))。

- 有些运算符根据不同类型的操作数具有不同的运算功能，例如，减号运算符在表达式-3 中表示负号运算；在 5-3 中表示减法运算；在 "Visual"-"FoxPro"中表示字符串连接运算。

- 对于每个运算符，要使用正确的操作数类型。例如，两个日期类型的操作数是不能相加的，但日期类型和整数是可以相加的；逻辑型运算符所连接的操作数必须是逻辑类型的。

- 在复合型的表达式中，要注意运算符的优先级和结合性。例如，表达式 2 * x+10>y-3 中由于算术运算符优先级高于关系运算符，故先计算 2 * x+10 和 y-3 再进行关系运算。而像 2 * x+10>y-3 .and. 3<8 这样比较复杂的表达式，同样可根据优先级的次序先计算两个关系表达式 2 * x+10>y-3 和 3<8 的值，最后进行逻辑运算。为增加可读性，上述表达式可以写成(2 * x+10>y-3) .and. (3<8)。

2.2 经典例题

2.2.1 选择题

【例 2-1】 在下面的表达式中，运算结果为逻辑真的是_____。

A) EMPTY(. NULL.)   B) LIKE("edit","edi?")

C) AT("a","123abc")   D) EMPTY(SPACE(10))

答案： D

【解析】 函数 EMPTY()的返回值为逻辑值，常用于判别参数是否为空串，该函数中将空格视同空串，所以得到 EMPTY(SPACE(10))的值为. T. ；此外 EMPTY(. NULL.)的值为. F. ，EMPTY(0)的值是. T. ，EMPTY(. T.)的值是. F. ，EMPTY(. F.)的值是. T. 。

函数 LIKE(<expC1>,<expC2>)用于比较两个字符类型的参数是否完全匹配，若能够完全匹配，返回值为. T. 。其中第一个参数可以含有通配符"?"(表示匹配一个任意字符)或 * (表示匹配若干个任意字符)，所以函数 LIKE("edit","edi?")的结果值为. F. 。

AT()函数的返回值是数值型，AT("a","123abc")的结果为 4。

【例 2-2】 Visual FoxPro 内存变量的数据类型不包括_____。

A) 数值型   B) 货币型   C) 备注型   D) 逻辑型

答案：C

【解析】 备注型是表中字段的数据类型。

【例 2-3】 有如下赋值语句：a＝"你好"，b＝"大家"，结果为"大家好"的表达式是_____。

A) b＋AT(a,1)　　　　　　　　　　　B) b＋RIGHT(a,1)

C) b＋LEFT(a,3,4)　　　　　　　　　D) b＋RIGHT(a,2)

答案：D

【解析】 由于一个汉字占有两个字节，RIGHT(a,2)函数从右边截取两个字符，其结果为"好"，所以得到 D 选项的值为"大家好"。

【例 2-4】 若内存变量 a1＝'12'，则命令？&a1 * 2.5 的结果是_____。

A) 122.5　　　　　B) a12.5　　　　　C) 30　　　　　D) 出错

答案：C

【解析】 这里"&"为宏替换。&a1 的值是 12，所以最终结果是 30。

【例 2-5】 下列 4 个表达式中，运算结果为数值类型的是_____。

A) "9999"－"1255"　　　　　　　　B) 1200＋800＝2000

C) CTOD([11/22/01])－20　　　　　D) LEN(SPACE(10))－3

答案：D

【解析】 A 选项为字符串连接运算，结果为字符类型；B 选项为比较运算，结果为逻辑类型；C 选项结果为日期类型；D 选项结果为数值类型。

2.2.2 填充题

【例 2-6】 LEFT("123456789",LEN("数据库"))的计算结果是_____。

答案："123456"

【解析】 因为表达式 LEN("数据库")的值是 6，所以 LEFT("123456789",6)的计算结果是字符串"123456"。

【例 2-7】 表达式 LEN("VFP 程序设计")的值为_____，SUBSTR("VFP 程序设计",4,4)的值为_____。

答案：11　"程序"

【解析】 LEN 测试字符串的长度，其结果为 11。SUBSTR("VFP 程序设计",4,4)从第 4 个字符开始取长度为 4 的子串，其结果为"程序"。

【例 2-8】 表达式 {^07/25/2004}－10 的值是_____。

答案：{^07/15/2004}

【解析】 {^07/25/2004}为日期型数据，它减去 10 表示 10 天前的日期。

【例 2-9】 年龄在 20 岁和 50 岁之间，职称为技术员的逻辑表达式为_____（注：年龄用变量 nl 表示，职称用变量 zc 表示）。

答案：(nl＞＝20.and. nl＜＝50).and.zc＝"技术员"

【解析】 本题的年龄条件和职称条件为同时成立，所以用 .and. 运算符。

【例 2-10】 表达式 70％3 的值是_____。

答案：1

【解析】"％"为取模运算,70 除以 3 的余数为 1。

2.3　上机操作

实验　常量、变量、数组、函数和表达式练习

【实验目的】

- 通过实验掌握各种常量和变量的使用方法。
- 掌握常用函数的使用方法。
- 学会书写正确的表达式。

【实验准备】

1. 复习相关知识点。
2. 预习实验内容,写出有关命令。
3. 启动 VisualFoxPro 6.0。

【实验内容和步骤】

1. 内存变量赋值练习

在命令窗口中输入相应的赋值命令,给内存变量赋值。并用"?"显示内存变量的值加以验证。

① 内存变量 A、B、C 均赋值为 0。

② ABC1 赋值为. F.。

③ 变量 ABC2 赋值为日期类型数据 2001 年 10 月 1 日。

④ ABC3 赋值为"Visual"。

⑤ ABC4 赋值为"Fox"。

⑥ ABC5 赋值为"Pro"。

⑦ ABC6 赋值为"6.0"。

⑧ 显示表达式 ABC3＋SPACE(1)＋ABC4＋ABC5＋SPACE(1)＋ABC6 的值。

2. 数组的定义和使用

在命令窗口中输入并执行相关命令,完成以下功能:

① 定义一个一维数组 a,数组中有 6 个元素并且赋值依次为 1、2、3、4、5 和 6,并显示其结果。

② 定义一个 3×2 的二维数组 arry,并赋初值如表 2-11 所示,且显示内存中数组元素的值。

表 2-11　二维数组 arry

1	王 磊
2	李 涛
3	张丽丽

3. 常见函数的使用

在表 2-12 的空白栏中填空,并记录在命令窗口中的执行结果。

表 2-12　函数实验

实 验 要 求	输入命令	执行结果
对 3.1415926 进行四舍五入,保留两位小数		
对 1234.56 取整		
求 36 的平方根		
求 100 除 6 的余数		
求字母"o"在"VisualFoxPro 6.0"中第二次出现的位置		
计算字符串"VisualFoxPro 6.0 中文版"的长度		
利用建立空格函数在字符串"湖北"和字符串"武汉"之间插入 8 个空格		
求字符串"VisualFoxPro 6.0"中的子串"FoxPro"		
求字符"a"的 ASCII 码值		
求 ASCII 码值为 88 的字符		
将"3.14aa159"转换为数值类型,并证明其为数值类型		
将字符串"01/01/2001"转换为日期类型,并证明其为日期类型		
将日期类型数据{^01/01/2001}转换为字符型数据		
求系统日期		
求系统的年份		

4. 表达式

(1) 根据表 2-13 中第一列的命令,填写显示结果并加以验证分析

表 2-13　表达式实验 1

在命令窗口中输入命令	显示结果
A＝"Visual" B＝"FoxPro" C＝"6.0" ? A＋B＋C	
A＝"Visual" B＝"FoxPro" C＝"6.0" ? A－B－C	
AA＝"圆周率" 圆周率＝3.1415926 R＝2.5 ? &AA * R^2	

（2）根据表 2-14 中的实验要求书写表达式，并记录相应的运行结果

表 2-14　表达式实验 2

实验要求	表达式或命令	显示结果
判断 2001 年是否是闰年		
将两个字符串"湖北"和"武汉"连接起来		
判断字符串"am"是否为字符串"I am student"的子串		
判断字符串"amd"是否为字符串"I am student"的子串		
在命令窗口中给成绩赋值：数学＝86，英语＝76，并写出表达式判断是否两门课程成绩均在 85 分以上		

第3章　表的基本操作

本章基本要求：

1. 理论知识

- 掌握表的基本概念、表的组成和分类。
- 掌握字段的基本属性。
- 掌握表记录的追加、浏览、定位、修改、删除和筛选操作。
- 掌握索引的概念、索引和索引文件的分类，以及索引的建立和使用。
- 掌握工作区的概念。

2. 上机操作

- 掌握使用表设计器创建、修改表结构的方法。
- 掌握表记录的追加、浏览、定位、修改、删除和筛选等有关操作。
- 掌握索引的建立和使用方法。
- 掌握数据的导入导出方法。

3.1　知识要点

3.1.1　表的概念

1. 表

在 VFP 中，表是用来收集和存储数据的，表中的行称为记录，表中的列称为字段。一张表被保存为一个表文件(.dbf)，如果表中有备注字段并建立了结构复合索引，那么将产生表备注文件(.fpt)和复合索引文件(.cdx)。

属于某个数据库的表称为数据库表，与数据库无关的表称为自由表。表由表结构(表头)和记录构成。

2. 表结构

数据必须用一个公共的结构来存储，这就是表结构。表结构的设计包括字段名、字段类型、字段宽度、小数位数、是否允空等。

（1）字段名

字段名由汉字、字母、数字和下划线组成，以字母或者下划线开头，不含空格。自由表的字段名不得超过 10 个字符，数据库表的字段名最长为 128 个字符。

（2）字段类型、宽度和小数位数

字段类型指字段中值的数据类型，字段宽度指字段中值所占内存空间的大小。表 3-1 中列出了常用的字段数据类型以及有关说明。

表 3-1 VFP 中常用的字段数据类型

数据类型	字母表示	宽 度	说 明
字符型	C	一个汉字宽度为两个字节	用于存储文本类型的数据，如姓名、学号等
数值型	N	宽度为符号、小数点和数字的个数之和	存储整数或者小数，如成绩、工资等
整型	I	4 个字节	存储整数
双精度型	B	8 个字节	用于存储要求精度很高的数据
日期型	D	8 个字节	保存年月日，如入学时间
日期时间型	T	8 个字节	保存年月日时分秒，如上班时间
逻辑型	L	1 个字节	其值为.T. 或者.F.，用于值只有两种可能的字段，如性别、婚否等字段
备注型	M	4 个字节	用于存放不定长的、内容较多的文本，如简历、备注等字段。所保存的数据信息存储在.fpt 文件中
通用型	G	4 个字节	用于标记文档、图片等 OLE 对象，如照片字段

（3）空值

某条记录中某个字段的值为 .NULL. ，是指该记录中的这个字段尚未存储数据，即"没有值"，因而空值和空字符串、数值 0 等具有不同的含义。在实际应用中，并不是所有字段都可以为空值，如学生表中的"学号"字段，成绩表中的"课程代号"和"学号"字段，因为这些都是构成表的主关键字的字段，而那些在插入记录时允许暂缺的字段值往往可以允空，如成绩表中的"成绩"字段。

3. 表结构的创建、修改、显示和复制

（1）创建

VFP 中表结构的创建可以通过表设计器来实现，也可以通过 SQL 命令创建。要打开表设计器可以通过菜单命令，也可以在命令窗口中执行：CREATE ＜表名＞。

在项目管理器中创建的表属于项目，否则该表不属于项目；在数据库打开状态下创建的表是数据库表，属于该数据库。

（2）修改

VFP 中表结构的修改可在表设计器中完成,也可以通过 SQL 命令完成。打开表设计器可以通过菜单命令,也可以在命令窗口中执行命令：MODIFY STRUCTURE。需要指出的是,在执行这条命令前,要先打开表。

（3）显示

在主窗口中显示当前表结构的命令为：LIST|DISPLAY STRUCTURE。

（4）复制

复制可以产生一个与当前表的表结构相同的空表。命令为：

COPY STRUCTURE TO ＜新文件名＞[FIELDS ＜字段名表＞]

3.1.2　表记录的操作

1. 相关命令

• 浏览：BROWSE [＜范围＞][FIELDS＜字段名表＞][FOR＜条件 1＞][WHILE＜条件.2＞]

• 显示：DISPLAY|LIST [OFF] [＜范围＞][FIELDS＜字段名表＞][FOR＜条件 1＞][WHILE＜条件 2＞]

> **说明：**
> 　　LIST 与 DISPLAY 的不同之处在于：LIST 默认范围为 ALL,而 DISPLAY 默认范围为当前记录;当显示的记录超过一屏时,LIST 命令不暂停,而 DISPLAY 命令会暂停,待按任意键后再继续显示下一屏。

• 添加：APPEND [BLANK]

• 插入：INSERT [BLANK][BEFORE]

• 定位

绝对定位(GO)：根据记录号,记录指针直接指在某条记录上。

相对定位(SKIP)：按照记录的逻辑顺序,记录指针从当前位置向前或者向后移动若干条记录。

条件定位(LOCATE FOR)：定位到满足条件表达式的第一条记录上,可以和 CONTINUE 一起使用,定位到后面的满足条件的记录上。

• 修改

逐条修改：EDIT [＜范围＞][FIELDS＜字段名表＞][FOR＜条件 1＞][WHILE＜条件 2＞]

CHANGE [＜范围＞][FIELDS＜字段名表＞][FOR＜条件 1＞][WHILE＜条件 2＞]

批量修改：REPLACE [＜范围＞]＜字段 1＞ WITH ＜表达式 1＞[,＜字段 2＞ WITH ＜表达式 2＞.…][FOR＜条件 1＞][WHILE＜条件 2＞]

• 删除与恢复

VFP 中删除部分记录的操作要经过逻辑删除和物理删除两步。逻辑删除并不把记录真正清除掉,仅仅作删除标记,由 SET DELETE ON/OFF 命令控制已作删除标记的记录能否被操作。被逻辑删除的记录可以恢复。物理删除则是将记录彻底清除掉,不可再恢复。

逻辑删除:DELETE [<范围>] FOR [<条件 1>][WHILE<条件 2>]

物理删除:PACK

直接彻底删除表中所有记录:ZAP

恢复删除:RECALL [<范围>] FOR [<条件 1>][WHILE<条件 2>]

- 筛选

筛选记录:SET FILTER TO <条件>

筛选字段:SET FIELDS TO [<字段名表>|ALL]

- 批量追加记录

把其他表中符合条件的记录追加到当前表:

APPEND FROM <表名> [FIELDS <字段名表>][FOR <条件 1>][WHILE <条件 2>]

把数组追加到当前表:

APPEND FROM ARRAY <数组名> [FIELDS <字段名表>]

把其他应用程序的数据文件中内容追加到当前表:

APPEND FROM <文件名> TYPE <文件类型标记>

Excel 文件的类型标记是 xls,文本文件的类型标记是 sdf。

把数组追加到指定表:

INSERT INTO <表名> FROM ARRAY <数组名>

提示:

这条命令可以在表关闭的状态下执行。

2.相关函数

- 求当前记录的记录号:RECNO([工作区号|别名])
- 求记录总数:RECCOUNT([工作区号|别名])
- 记录指针测试函数:BOF([工作区号|别名]),EOF([工作区号|别名])
- 测试当前记录是否被删除:DELETE([工作区号|别名])

提示:

上述命令中的参数若省略,表示对当前表操作。

3.1.3 索引

索引是 VFP 为了提高对表中记录定位、查找等操作的速度而提供的一种机制,是一个非常重要的概念。

1.记录的物理顺序和逻辑顺序

物理顺序是录入记录时的顺序,由记录的记录号来标识;逻辑顺序是用户操作表时的记录顺序,取决于当时的主控索引。如果没有索引,记录的物理顺序和逻辑顺序是相同的。

2.索引关键字和索引名

索引关键字又称索引表达式,是由一个或者多个字段构成的表达式,是记录的排序依据,建立索引最重要的就是会按照要求写出索引表达式。

索引名又称作索引标识,是一个索引的名称、代号,命名规则与字段名相同,一般而言,索引名应该体现该索引的作用和含义。

3.索引类型

索引分为主索引、候选索引、普通索引、唯一索引四种。

(1)主索引

主索引用于约束表中记录的唯一性,表中所有记录的主索引表达式的值不允许重复。比如成绩表的主索引的表达式是:课程代号+学号,则成绩表中不得出现"课程代号"和"学号"都相同的记录。主索引只能建立于数据库表中,一张表有且仅有一个。主索引可以用来实现表的实体完整性约束。

(2)候选索引

候选索引具有和主索引相同的特性,但是候选索引既可以在数据库表中建立,也可以在自由表中建立,而且一张表可以有多个候选索引。

(3)普通索引

允许表中记录的索引表达式的值相同,它的作用只是用于决定记录的逻辑顺序。

(4)唯一索引

允许表中记录的索引表达式的值相同,但唯一索引能控制索引结果的唯一性。比如学生表中,以"籍贯"建立唯一索引,如果有几条籍贯相同的记录,那么,在浏览时,窗口中仅能出现这几条记录中的第一条。所以,唯一索引和主索引是完全不同的两种索引。

4.索引文件

索引本身并不改变记录的物理顺序,只是在记录的逻辑顺序和物理顺序之间建立了一种对应关系,这种对应关系被称为索引文件。建立索引的方式不同,产生的索引文件也不同。

独立索引文件(.idx):只含一个索引,它不会随表文件的打开而自动打开,一般在使用时直接创建。

复合索引文件(.cdx):若干个索引存放在同一个索引文件中,分为结构复合索引文件和非结构复合索引文件。结构复合索引文件的文件名与表的主文件名同名,在创建时由系统自动给定,随表同时打开、关闭、更新,较常用;非结构复合索引文件的文件名与表的主文件名不同名,不会随表的打开而打开。

> **提示:**
> 在表设计器中创建索引产生的索引文件是结构复合索引文件。

5. 创建索引和使用索引的相关命令(表 3-2)

表 3-2 VFP 中的索引文件以及常用命令

创建索引	产生索引文件的类型	删除索引	指定为主控索引
INDEX ON <索引表达式> TO <索引文件名>	独立索引文件	DELETE FILE <索引文件名>	SET INDEX TO <索引文件名|索引编号>
INDEX ON <索引表达式> TAG <索引名>	结构复合索引文件	DELETE TAG <索引名>	SET ORDER TO <索引名|索引编号>
INDEX ON <索引表达式> TAG <索引名>OF <索引文件名>	非结构复合索引文件	DELETE TAG <索引名> OF <索引文件名>	SET ORDER TO <索引名|索引编号> OF <索引文件名>

上述命令建立的索引都是普通索引,通过在命令之后加关键字还可以建立其他几种索引:

CANDIDATE　　建立候选索引
UNIQUE　　建立唯一索引
ASCENDING/DESCENDING 升序/降序
FOR <条件> 指定参加索引排序的记录必须满足的条件

使用索引时可先打开表文件,然后使用表 3-2 中的命令指定主控索引,也可以在打开表的同时直接指定主控索引。命令为:

USE <表文件名> ORDER [TAG]标识名[OF <cdx 文件名>]
USE <表文件名> INDEX <独立索引文件名>
USE <表文件名> ORDER <索引编号>　　&& 按索引编号指定当前索引

6. 数据检索

在已经建立索引的表中可以使用 SEEK 命令快速定位。具体为:
SEEK <表达式> ORDER [TAG] <索引名> [IN <工作区\|别名>]
如果找到记录,则 EOF()=.F.,否则 EOF()=.T.,所以常用 EOF()的值来判断是否找到记录。除此之外,FOUND()函数的值也可以作为判断的依据,若 FOUND()=.T.,表示检索到记录;若 FOUND()=.F.,表示没检索到记录。

7. 排序

索引可以改变记录的逻辑顺序，但不能改变记录的物理顺序。要改变记录的物理顺
序，使用下述命令：

SORT TO <文件名> ON <字段1>[/A/D][,<字段2>[/A/D]…][<范围>]
[FIELDS<字段名表>][FOR<条件1>][WHILE<条件2>][ASCENDING|
DESCENDING]

3.1.4　表的操作

表的操作包括打开、关闭、重命名、删除以及数据的导入导出。

1. 基本操作

打开：打开表使用 USE 命令，可以有两种方式，独占和共享。下列操作必须在表以
独占方式打开时才能完成：INSERT、INSERT BLANK、PACK、ZAP、MODIFY
STRUCTURE 和 REINDEX。

关闭：关闭当前表直接使用 USE 命令；使用 CLOSE ALL、CLOSE TABLES、
CLOSE DATABASES 可以关闭所有表。

重命名：RENAME <原文件名> TO <新文件名>。

删除：ERASE <文件名> 或者 DELETE FILE <文件名>。

2. 数据的导入导出

(1) 导入

把其他应用程序的数据文件导入到 VFP 中，产生一个新的表文件。命令格式为：

IMPORT FROM <文件名> TYPE <文件类型标记>

(2) 导出

把当前表导出为另一张表或者其他类型文件：

COPY TO <文件名>[TYPE <文件类型标记>][<范围>][FIELDS<字段名
表>][FOR<条件1>][WHILE<条件2>]

把指定表导出为另一张表或者其他类型文件：

COPY FILE <源文件全名> TO <目标文件名>[TYPE <文件类型标记>]

[<范围>][FIELDS<字段名表>][FOR<条件 1>][WHILE<条件 2>]

把当前表中的记录导出到数组中：

COPY TO ARRAY<数组名> [<范围>][FIELDS<字段名表>][FOR<条件 1>][WHILE<条件 2>]

3.1.5　工作区

1. 工作区的概念

在 VFP 中，每打开一张表，就要为这张表指定一个工作区。一个工作区中只能打开一张表，在同一个工作区，打开第二张表时，原来的表自动关闭。但是，一张表可以同时在多个工作区中打开。

每个工作区都有编号，范围是 1～32767，其中的 1～10 号工作区也常用大写英文字母 A～J 表示。

2. 表的别名

在工作区中打开表时，可以为该表赋予一个别名。如果没有自定义别名，系统默认文件名为表的别名。

命令：USE <表文件名> ALIAS <别名>

相关函数有：

ALIAS([工作区号])　　&&.求得指定工作区的表的别名

SELECT([别名])　　　&&.测定指定表的工作区号

3. 工作区的选择

工作区是可以选择的，方法是：SELECT <工作区号|别名>。

SELECT 0 表示选择当前未被使用的工作区中区号最小的那个工作区为当前工作区。

4. 操作指定工作区的表

操作指定工作区中的表，有两种方法：

① 先把指定工作区选为当前工作区，然后操作表。

② 不改变当前工作区，直接在命令中指定工作区。一般格式为在命令短语后加：

IN <工作区号|别名>

3.1.6　统计命令

（1）求和

SUM [<范围>][<字段名表>][TO <内存变量表>|<数组名>][FOR<条件 1>][WHILE<条件 2>]

（2）求平均值

AVERAGE [<范围>][<字段名表>][TO <内存变量表>|<数组名>][FOR

<条件>][WHILE<条件 2>]

（3）计数

COUNT [<范围>][FOR<条件>][TO <内存变量表>|<数组名>][WHILE
<条件 2>]

（4）分类汇总

TOTAL ON <关键字段> TO <目标文件名>
　　　　[<范围>][FIELDS<字段名表>][FOR<条件>][WHILE<条件 2>]

> **提示：**
> 使用"分类汇总"命令前，要将表按关键字段排序。该命令将产生一个新的表文件。

3.2　经典例题

3.2.1　选择题

【例 3-1】　学生表(XS.DBF)的结构为：学号(XH，C，8)、姓名(XM，C，8)、性别(XB，
C，2)和班级(BJ，C，6)，并且按 XH 字段建立了结构复合索引，索引标识为 XH。如果 XS
表不是当前工作表，则下列命令中_____可以用来查找学号为"96437101"的记录。

A）SEEK 96437101 ORDER XH　　　　B）SEEK "96437101" ORDER XH

C）SEEK "96437101" ORDER XH IN XS　D）SEEK 96437101 ORDER XH IN XS

答案：C

【解析】　本题主要考核 SEEK 命令的使用。XH 字段是字符型的，所以应该加引号，
由于 XS 不是当前表，所以必须在命令中直接指定工作区，因此 C 是正确答案。

【例 3-2】　在 VFP 系统环境中，若使用的命令中同时含有子句 FOR、WHILE 和
SCOPE(范围)，则下列叙述中正确的是_____。

A）三个子句执行时的优先级为 FOR、WHM、SCOPE(范围)

B）三个子句执行时的优先级为 WHILE、SCOPE(范围)、FOR

C）三个子句执行时的优先级为 SCOPE(范围)、WHILE、FOR

D）无优先级，按子句出现的顺序执行

答案：C

【解析】　VFP 命令中经常同时包含条件子句和范围子句，在执行时，系统首先在指
定范围内查找满足条件的记录，所以范围子句的优先级高于条件子句。FOR 和 WHILE
虽然同为条件子句，但在执行时，FOR 子句搜索指定范围内的所有记录，而 WHILE 子句
在遇到第一条不满足条件的记录时，命令停止执行，所以这两者之间，WHILE 子句优先。

【例 3-3】　下列叙述中含有错误的是_____。

A）一个数据库表只能设置一个主索引

B）唯一索引不允许索引表达式有重复值

C）候选索引既可以用于数据库表也可以用于自由表

D）候选索引不允许索引表达式有重复值

答案：B

【解析】 本题考核索引的基本概念。索引不能改变记录的物理顺序，但可以决定记录的处理顺序，主索引和候选索引还可以保证记录的唯一性，但唯一索引并没有这样的作用。

【例 3-4】 员工表是一个有两个备注型字段的数据表文件，如果使用 COPY TO NEW 命令进行复制操作，其结果是＿＿＿＿＿＿＿＿。

A）得到一个名为 NEW 的数据表文件

B）得到一个名为 NEW 的数据表文件和两个新的备注文件

C）得到一个名为 NEW 的数据表文件和一个新的备注文件

D）错误信息，不能复制带有备注字段的数据表文件

答案：C

【解析】 在 VFP 中，所有备注型字段和通用型字段的内容都保存在一个表备注文件（.fpt）中。复制数据表时，系统自动复制备注文件，生成一个新的表备注文件。

【例 3-5】 要为当前表所有职工增加 100 元工资，应该使用命令＿＿＿＿＿＿＿＿。

A）CHANGE 工资 WITH 工资＋100

B）REPLACE 工资 WITH 工资＋100

C）CHANGE ALL 工资 WITH 工资＋100

D）REPLACE ALL 工资 WITH 工资＋100

答案：D

【解析】 根据题意，该操作属于修改表记录，由于是批量修改，所以应使用命令 REPLACE，而 REPLACE 默认的操作范围是当前记录，所以必须在命令中加范围子句 ALL。在 VFP 中，大多数的记录操作命令默认范围都是 ALL，但也有例外，如：DISPLAY，DELETE，RECALL。

【例 3-6】 设学生表中有 10 条记录，在 VFP 命令窗口中执行以下命令，最后结果是＿＿＿＿＿＿＿＿。

```
USE 学生
SKIP 3
COUNT TO N
? N
```

A）10   B）3   C）0   D）4

答案：A

【解析】 COUNT 等统计和计数命令执行时与记录指针的当前位置没有关系。

【例 3-7】 如果要给当前表增加一个字段，应使用的命令是＿＿＿＿＿＿＿＿。

A）APPEND   B）INSERT

C）MODIFY STRUCTURE   D）EDIT

答案：C

【解析】 这类题首先要弄清做什么操作，本题要求增加字段，属于修改表结构，所以

使用 MODIFY STRUCTURE 命令打开表设计器修改。

【例 3-8】 一个已打开的表有 8 条记录,执行下列命令后的结果为_____。

```
GO BOTTOM
SKIP
? EOF( ) ,RECNO( )
```

A) .F. ,8   B) .T. ,9   C) .F. ,9   D) .T. ,8

答案:B

【解析】 GO BOTTOM 使记录指针指向最后一条记录,SKIP 命令使记录指针继续下移指向文件尾,所以 EOF( )的值是.T. ,RECNO( )的值是记录数+1,即 9。对于一张空表,EOF( )和 BOF( )的值都是.T.。

【例 3-9】 执行下列一组命令后,选择"职工"表所在工作区的错误命令是_____。

```
CLOSE ALL
USE 仓库 IN 0
USE 职工 IN 0
```

A) SELECT 职工   B) SELECT 0   C) SELECT 2   D) SELECT B

答案:B

【解析】 选择工作区可以通过工作区的编号或者别名,选项中的 A、C、D 都是正确的,SELECT 0 是选择编号最小并且没有使用的工作区。

【例 3-10】 对于已经打开的表,在当前表最后插入一个空白记录的命令是_____。

A) INSERT BLANK BOTTOM   B) INSERT BLANK

C) APPEND BLANK   D) INSERT

答案:C

【解析】 APPEND 命令是在表尾增加记录,需要立即交互输入,一次可以输入多条记录;APPEND BLANK 是在表尾增加一条空白记录,然后再修改该记录的值;INSERT 命令是在当前记录后插入记录,需要立即交互输入;INSERT BLANK 是在当前记录后插入一条空白记录,如果加上 BEFORE 则是在当前记录前插入记录。

【例 3-11】 当前表中有数学、英语、计算机和总分字段,都是 N 型,要将所有学生的各门成绩汇总后存入总分字段中,应当使用命令_____。

A) TOTAL 总分 WITH 数学+英语+计算机

B) REPLACE 总分 WITH 数学,英语,计算机

C) REPLACE 总分 WITH 数学+英语+计算机 FOR ALL

D) REPLACE ALL 总分 WITH 数学+英语+计算机

答案:D

【解析】 本题是要修改表中所有记录"总分"字段的值,所以使用 REPLACE 命令,并且要加上范围子句 ALL。

3.2.2　填充题

【例 3-12】 若要打开表设计器创建表结构,应使用命令_____。

答案：CREATE

【解析】 CREATE 命令可以打开表设计器创建表，MODIFY STRUCTURE 用于修改当前表的表结构。

【例 3-13】 索引文件包括独立索引文件和复合索引文件两类，复合索引文件又分为结构复合索引文件和非结构复合索引文件，在表设计器中创建的索引保存在_____中。

答案：结构复合索引文件

【解析】 在表设计器中创建索引将产生结构复合索引文件，文件名和表文件相同，后缀名为.CDX，它随着表的打开而打开，随着表的关闭而关闭。

【例 3-14】 在打开的职工表中删除所有工龄(字段名为 gl)大于 60 的记录的 VFP 命令是 ___①___，要彻底删除这些记录，可用 ___②___ 命令，但执行该命令要求表以 ___③___ 方式打开。

答案：① DELETE FOR gl＞60 ② PACK ③ 独占

【解析】 VFP 中删除记录可以通过 VFP 命令和 SQL 命令两种途径来完成，两者都是执行逻辑删除，但前者要求表是打开的，而后者可以对未打开的表操作。若要永久性彻底删除记录，还要使用 PACK 命令，执行 PACK 命令要求表以独占方式打开。

【例 3-15】 在打开的职工表中按如下要求更改基本工资(jbgz)，可以使用命令_____。

工龄在 10 年以下(不含 10 年)	增加 100
工龄在 10～19 年	增加 200
工龄在 20 年以上(含 20 年)	增加 300

答案：REPLACE jbgz WITH IIF(gl＜10,jbgz＋100,IIF(gl＞＝20,jbgz＋300,jbgz＋200))

【解析】 本题考核修改记录和 IIF() 函数的用法。修改记录可以使用 VFP 中的 REPLACE 命令，也可以使用 SQL 中的 UPDATE 命令。

【例 3-16】 对职工表要求先按入厂时间(rcsj,D)排序，再按性别(xb,C,2)排序，入厂时间和性别都相同的再按籍贯(jg,C,16)排序，其索引表达式为_____。

答案：DTOC(rcsj)＋xb＋jg

【解析】 本题考核索引的概念以及表达式的写法。索引有较简单的单项索引，即以某个字段为索引表达式，也有相对复杂的复合字段索引，即索引表达式由多个字段构成，此时应注意索引表达式的方法，不要犯语法错误。

3.3 上机操作

实验 3.1 表结构的创建和数据输入

【实验目的】

- 掌握表结构的创建方法和修改方法。
- 掌握向表中输入记录的方法。

- 掌握表记录的浏览方法。

【实验准备】

1. 复习有关表、记录、字段等相关概念,预习实验内容。
2. 启动 VFP 6.0 系统。
3. 设置默认工作目录。

【实验内容和步骤】

1. 使用"表设计器"创建表结构

(1) 创建学生(xs)表

① 打开项目 jxgl,在项目管理器中选择"数据"选项卡(图 3-1),在列表中选中"自由表",单击"新建"按钮。

图 3-1　在项目中新建自由表

② 在"创建"对话框中输入表文件名：xs,单击"保存"按钮,打开"表设计器"(图 3-2)。

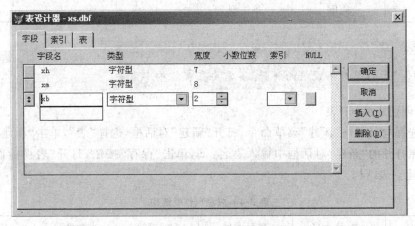

图 3-2　"表设计器"窗口

③ 按照表 3-3,依次输入各个字段的字段名、类型、宽度、小数位数,然后单击"确定"按钮,弹出如图 3-3 所示的提示对话框,单击"否"按钮。至此 xs 表的表结构建立完毕,在项目管理器中的"自由表"项下增加了 xs 表(图 3-4)。

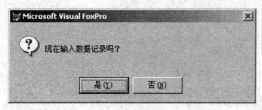

图 3-3　输入数据询问对话框

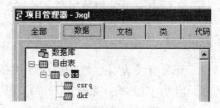

图 3-4　新建在项目中的自由表

提示：

如果选择"是"，则打开浏览窗口，可以直接输入记录。

表 3-3　学生(xs)表结构

字段名	＊字段含义	数据类型	字段宽度	小数位数	NULL
xh	学号	字符型	7	—	否
xm	姓名	字符型	8	—	是
xb	性别	字符型	2	—	是
csrq	出生日期	日期型	8	—	是
zy	专业	字符型	10	—	是
rxcj	入学成绩	数值型	5	1	是
dkf	贷款否	逻辑型	1	—	是
zp	照片	通用型	4	—	是
jl	简历	备注型	4	—	是

说明：

带"＊"的列是对字段名的解释，不需要在表结构中设置。

（2）创建成绩(cj)表

① 选择"文件"→"新建"菜单命令，打开"新建"对话框，选择"表"，单击"新建"按钮。

② 在打开的"新建"对话框中输入表名：cj，单击"保存"按钮，打开"表设计器"，按表3-4所示建立表结构。

表 3-4　成绩(cj)表结构

字段名	＊字段含义	数据类型	字段宽度	小数位数	NULL
xh	学号	C	7		否
kcdh	课程代号	C	2		否
cj	成绩	N	3	0	是

（3）创建课程(kc)表

① 在命令窗口中输入命令：CREATE kc，打开表设计器。

② 按表 3-5 建立课程(kc)表。

> **提示：**
>
> 在项目管理器中新建的学生(xs)表属于项目 jxgl，而成绩(cj)表和课程(kc)表不属于项目。

表 3-5　课程(kc)表结构

字段名	*字段含义	数据类型	字段宽度	小数位数	NULL
kcdh	课程代号	C	2		否
kcm	课程名	C	18		是
kss	课时数	N	3	0	是
sfbx	是否必修	L	1		是
xf	学分	N	1	0	是
zywb	专业类别	C	1		是

2. 在表中输入记录

(1) 在表的浏览窗口中输入记录

① 打开项目 jxgl，在项目管理器中选择表 xs，单击"浏览"按钮，打开浏览窗口。

② 选择"显示"→"追加方式"菜单命令。

③ 选择"显示"→"编辑"或者"显示"→"浏览"菜单命令，在表的编辑或浏览窗口中输入数据表 3-6 中的数据。

表 3-6　学生(xs)表中的数据

学号	姓名	性别	出生日期	专业	入学成绩	贷款否	简历	照片
0306101	郑盈莹	女	1984-3-23	外贸	626.5	.F.	略	略
0306102	王伟	男	1984-7-20	外贸	641.5	.T.	略	略
0306103	赵伟	女	1984-4-2	中文	450	.F.	略	略
0306104	克敏敏	女	1984-5-6	中文	480	.F.	略	略
0306105	和音	男	1984-8-23	数学	587.5	.F.	略	略
0206101	毛伟	男	1983-7-25	数学	600.5	.T.	略	略

(2) "简历(jl)"字段的数据输入

① 在表的浏览窗口中选中第一条记录(图 3-5)。

② 用鼠标双击 jl 字段区域中的"memo"，打开备注型字段的编辑窗口，输入如图 3-6 所示的内容。

Xs								
Xh	Xm	Xb	Csrq	Zy	Rxcj	Dkf	Jl	Zp
0306101	郑盈莹	女	03/23/84	外贸	626.5	F	memo	gen
0306102	王伟	男	07/20/84	外贸	641.5	T	memo	gen
0306103	赵伟	女	04/02/84	中文	450.0	F	memo	gen
0306104	克敏敏	女	05/06/84	中文	480.0	F	memo	gen
0306105	和音	男	08/23/84	数学	587.5	F	memo	gen
0206101	毛伟	男	07/25/83	数学	600.5	T	memo	gen

图 3-5　表的浏览窗口

③ 单击"关闭"按钮,或按 Ctrl＋W 键结束并保存输入内容。

图 3-6　备注型字段的输入窗口

(3)"照片(zp)"字段的数据输入

① 鼠标双击 zp 字段区域中的"gen",打开通用型字段的编辑窗口。

② 选择"编辑"→"插入对象"菜单命令,打开"插入对象"对话框(图 3-7),选择对象类型为"位图图像",单击"确定"按钮。

③ 编辑图片,插入图片后的通用字段编辑窗口如图 3-8 所示。

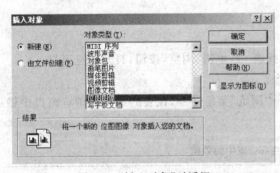

图 3-7　"插入对象"对话框

图 3-8　插入图片后的通用型字段编辑窗口

④ 单击"关闭"按钮,退出编辑状态。

⑤ 在命令窗口中执行命令: USE,关闭当前表。

也可以先把要插入的图像数据在图像编辑程序中(如 Windows 的画图程序)编辑好,然后通过复制粘贴到通用字段的编辑窗口中。

> 说明:
>
> ① 在"插入对象"对话框中选择不同对象类型,可以插入波形声音、MIDI 音乐、视频剪辑等其他多媒体数据。
>
> ② 经过上述操作,jl 字段中的"memo"变成"Memo",zp 字段中的"gen"变成"Gen",表示该字段已经经过编辑。

(4) 列出文件名为 xs 的所有文件

打开"教学管理"文件夹,将文件名为 xs 的所有文件列在下面:_____

3. 浏览记录

(1) 通过项目管理器浏览记录

在项目管理器中选择"数据"选项卡中的"自由表"并展开,选择表 xs,单击"浏览"按钮,打开浏览窗口。

(2) 使用菜单浏览表中记录

关闭浏览窗口。选择"显示"→"浏览"菜单命令,打开浏览窗口。

(3) 使用命令浏览表中记录

关闭浏览窗口,在命令窗口中输入并执行如下命令:

BROWSE   && 浏览打开的 xs 表

关闭浏览窗口。在命令窗口中输入并执行如下命令,记录实验结果。

BROWSE FIELDS xh,xm,xb,csrq,rxcj
BROWSE FOR xb="男"
BROWSE FIELDS xh,xm,zy
BROWSE FIELDS xm,xb,zy FOR xb="男"

4. 用表设计器修改表结构

(1) 插入新字段

① 打开学生(xs)表。

② 选择"显示"→"表设计器"菜单命令,或在命令窗口中输入命令 MODIFY STRUCTURE,打开表设计器窗口。

③ 选中字段 csrq,单击"插入"按钮,如图 3-9 所示,在字段 csrq 前插入新的字段 zzmm,单击"确定"按钮,弹出如图 3-10 所示的提示对话框,单击"是"按钮,保存修改结果。

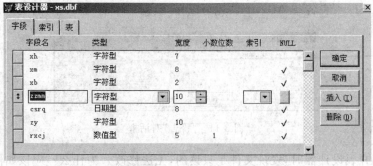

图 3-9　插入字段 zzmm

④ 关闭表。

(2) 删除字段

① 在项目管理器中先选定要修改的表 xs,然后再单击"修改"按钮,打开表设计器。

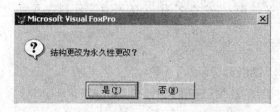

图 3-10　更改表结构的提示对话框

② 在表设计器中,用鼠标选中字段 zzmm,单击"删除"按钮。

③ 单击"确定"按钮,保存修改结果。

④ 在命令窗口中输入 DISPLAY STRUCTURE 并执行,记录实验结果。

5. 复制学生(xs)表结构

① 选择"文件"→"打开"菜单命令,或用鼠标单击工具栏上的"打开"按钮,弹出"打开"对话框。

② 在"打开"对话框中,先选择"文件类型"为"表",再选定表 xs,单击"确定"按钮。

③ 在命令窗口中输入以下命令完成复制操作:

COPY STRUCTURE TO xstemp　　&& 复制得到新表 xstemp

④ 在命令窗口中输入以下命令,观察表 xstemp 的表结构:

USE xstemp　　　　&& 打开表 xstemp
DISPLAY STRUCTURE　&& 在主窗口中显示表结构

【常见问题】

1. 在打开表时,出现如图 3-11 所示的对话框,为什么? 怎么办?

答:这是因为这个表已经在另一个工作区被打开了。最简单的办法是执行"CLOSE TABLES"命令关闭所有表,然后再重新打开。如果确实需要在本工作区再次打开,可以执行命令: USE <表名> AGAIN。也可以在"数据工作期"窗口中操作。

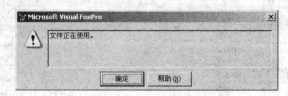

图 3-11　"警告"对话框

2. 在打开表设计器时,发现文件是只读的,无法修改。为什么? 应该如何处理?

答:这是由于打开表的方式是"共享"的,而以共享方式打开的表不能修改表结构。遇到这种情况可以先关闭表,然后选择"文件"→"打开"菜单命令重新打开表,并注意在"打开"对话框中选中"独占"复选框(图 3-12)。也可以在关闭表后,直接在命令窗口中输入命令:

Visual FoxPro 学习辅导与上机实验

USE ＜表名＞ EXCLUSIVE　　&& 以独占方式打开表

如果指定以共享方式打开表，则使用命令：USE ＜表名＞ SHARED。

图 3-12　"打开"对话框

实验 3.2　表的使用和记录的处理

【实验目的】

- 掌握记录的追加、显示和定位方法。
- 掌握记录的修改、删除和恢复方法。
- 掌握记录的筛选和字段的筛选方法。
- 掌握多工作区操作。

【实验准备】

1. 复习有关表的使用、记录的处理及多工作区等内容，预习实验。
2. 准备好实验 3.1 所创建的学生（xs）表、课程（kc）表和成绩（cj）表以及表 xstemp。
3. 启动 VFP 6.0 系统。
4. 设置默认工作目录。

【实验内容和步骤】

1. 追加记录

（1）在表尾追加一条空记录

① 打开学生（xs）表。

② 选择"显示"→"浏览"菜单命令，使表处于浏览状态。

③ 选择"表"→"追加新记录"菜单命令，或者在命令窗口中执行 APPEND BLANK 命令，在表中添加一条空记录。

④ 在空记录中输入表 3-7 中的学号为"0206102"的学生记录。

表 3-7　待追加的学生(xs)记录

学号	姓名	性别	出生日期	专业	入学成绩	贷款否	简历	照片
0206102	欧阳申强	男	1983-5-21	计算机	622.5	.T.	略	略
0206103	康 红	女	1983-6-3	计算机	554	.T.	略	略
0106101	夏 天	女	1982-6-12	计算机	652	.F.	略	略

使用 REPLACE 命令也可完成记录的输入,请写出这条命令。

(2) 追加多条记录

① 单击选择"显示"→"追加方式"菜单命令,进入追加状态。

② 输入表 3-7 中余下的两条学生记录。

说明:

通过在命令窗口中执行 APPEND 命令也可进入追加状态。

(3) 把其他表中的数据追加到当前表中

下述操作将学生(xs)表中所有记录追加到表 xstemp 中。

① 打开表 xstemp,选择"显示"→"浏览"菜单命令,打开浏览窗口。

② 选择"表"→"追加记录"菜单命令,打开"追加来源"对话框。

③ 如图 3-13 所示,在"追加来源"对话框中,在"类型"下拉列表框中选择"Table (DBF)",在"来源于"文本框中输入表文件的路径和表名,单击"确定"按钮,源文件中的所有记录添加到当前表 xstemp(图 3-14)中。

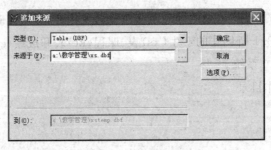

图 3-13　"追加来源"对话框

Xh	Xm	Xb	Csrq	Zy	Rxcj	Dkf	Jl	Zp
0306101	郑盈莹	女	03/23/84	外贸	626.5	F	Memo	Gen
0306102	王 伟	男	07/20/84	外贸	641.5	T	memo	gen
0306103	赵 伟	女	04/02/84	中文	450.0	F	memo	gen
0306104	克敏敏	女	05/06/84	中文	480.0	F	memo	gen
0306105	和 音	男	08/23/84	数学	587.5	F	memo	gen
0206101	毛 伟	男	07/25/83	数学	600.5	T	memo	gen
0206102	欧阳申强	男	05/21/83	计算机	622.5	T	memo	gen
0206103	康 红	女	06/03/83	计算机	554.0	T	memo	gen
0106101	夏 天	女	06/12/82	计算机	652.0	F	memo	gen

图 3-14　表 xstemp 浏览窗口

④ 查看命令窗口,记录上述操作产生的命令。

试一试:

    定义一个数组,使用 APPEND FROM ARRAY 命令把数组追加到表 xstemp 中。

2. 显示记录

在命令窗口中输入并执行相应命令,完成下面的功能:

① 显示学号为 0306101 的记录。

② 显示学号为 0306103、0206101 的记录。

③ 显示所有女生的名单,只显示姓名字段。

④ 显示所有"已贷款"的学生记录,不显示记录号。

3. 定位记录和测试记录指针

(1) 绝对定位

① 打开表 xs 的浏览窗口,选择"表"→"转到记录"菜单命令,在子菜单(图 3-15)中选择"记录号(R)…",打开"转到记录"对话框(图 3-16),输入数值"3",单击"确定"按钮,记录指针定位在记录号为"3"的记录上。

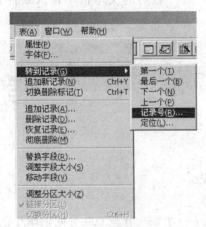

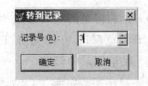

图 3-15 "转到记录"菜单项　　　　图 3-16 "转到记录"对话框

② 在命令窗口中输入并执行如下一组命令,记录结果。

? RECNO()

? BOF()

? EOF()

③ 在命令窗口中输入并执行如下一组命令,观察并记录浏览窗口中记录指针的移动情况和状态行的信息。

GO 3

GO TOP

GO BOTTOM

（2）相对定位

① 激活 xs 表的浏览窗口，定位到第一个记录，在如图 3-15 所示的菜单中分别选择"下一条记录"项和"上一条记录"项，观察并记录浏览窗口中指针的移动情况和状态行信息。

② 在命令窗口中输入并执行如下命令，观察并记录浏览窗口中记录指针的移动情况和状态行的信息。

GO TOP

SKIP

? RECNO()

SKIP 3

? RECNO()

SKIP-1

? RECNO()

（3）条件定位

以下操作定位到学号为"0306105"的记录上。

选择"表"→"转到记录"菜单命令，在子菜单（图 3-15）中选择"定位(L)…"，打开"定位记录"对话框，选择"作用范围"为 ALL，在"For"右边的文本框中输入条件表达式：xh＝"0306105"，按"定位"按钮，实现条件定位。

试一试：
使用 Locate 命令实现上述功能。

4. 修改记录

（1）个别记录的编辑修改

打开浏览窗口，在浏览窗口中直接进行修改。

（2）批量记录的修改

下述操作实现将学生(xs)表中入学成绩(rxcj)在 560 分至 600 分间的学生的入学成绩(rxcj)减少 2%。

① 打开学生(xs)表的浏览窗口。

② 选择"表"→"替换字段…"菜单命令，打开"替换字段"对话框。

③ 在"替换字段"对话框中，如图 3-17 设置各部分的值。

④ 单击"替换"按钮，完成替换。

试一试：
使用 Replace 命令批量修改记录字段的值。

例如：Replace all rxcj with rxcj $*$ $(1+2/100)$ for rxcj$>=$560 and rxcj$<=$600

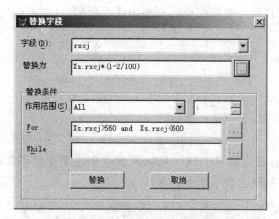

图 3-17 "替换字段"对话框

5. 删除记录

（1）逻辑删除

以下操作将学生（xs）表中没贷款的同学的记录打上删除标记。

① 打开 xs 表的浏览窗口。

② 选择"表"→"删除记录"菜单命令，打开"删除"对话框（图 3-18）。

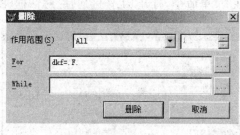

图 3-18 "删除"对话框

③ 在"删除记录"对话框中，作用范围选择"ALL"，在"For"右边的文本框中输入条件表达式：dkf＝.F.。

④ 单击"删除"按钮。

如图 3-19 所示，字段 dkf 值为.F.的记录前的删除标记栏都被标记为黑色，表示记录已经被逻辑删除。

Xh	Xm	Xb	Csrq	Zy	Rxcj	Dkf	J1	Zp
0306101	郑盈莹	女	03/23/84	外贸	626.5	F	Memo	Gen
0306102	王伟	男	07/20/84	外贸	641.5	T	memo	gen
0306103	赵伟	女	04/02/84	中文	450.0	F	memo	gen
0306104	克敏敏	女	05/06/84	中文	480.0	F	mims	gen
0306105	和音	男	08/23/84	数学	587.5	F	memo	gen
0206101	毛伟	男	07/25/83	数学	600.5	T	memo	gen

图 3-19 逻辑删除记录后的浏览窗口

⑤ 使用 DELETE 命令删除学生(xs)表中所有性别(xb)为"男"的记录。

(2) 恢复删除

在命令窗口中输入下述命令:&&

RECALL ALL

(3) 彻底删除记录

① 复制学生(xs)表,命令是:

COPY TO xs1

② 打开表 xs1,在命令窗口中执行 PACK 命令彻底删除已作删除标记的记录。

③ 运行 ZAP 命令删除表中所有记录。

> 提示:

> DELETE 和 RECALL 命令的默认范围都是当前记录,所以如果不加范围和条件子句,这些命令只对当前记录操作。

6. 筛选记录和字段

使用数据过滤器筛选出学生(xs)表中性别(xb)为"男"的记录,且仅显示 xh、xm、csrq 三个字段

① 选择"表"→"属性"菜单命令,打开"工作区属性"对话框(图 3-20)。

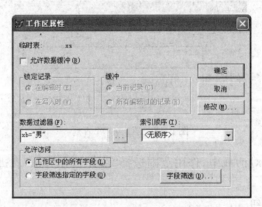

图 3-20 "工作区属性"对话框

② 在"工作区属性"对话框中,直接在"数据过滤器"文本框中输入筛选条件表达式:xb="男",也可以单击"数据过滤器"文本框右边的"…"按钮,打开"表达式生成器"对话框来创建表达式。

③ 单击"工作区属性"对话框中的"字段筛选"按钮,打开"字段选择器",如图 3-21 所示,添加 xh、xm、csrq 三个字段,单击"确定"按钮,返回"工作区属性"对话框。

④ 在"工作区属性"对话框,选中"字段筛选指定的字段"单选按钮,最后单击"确定"按钮。

⑤ 再次浏览表,查看结果。

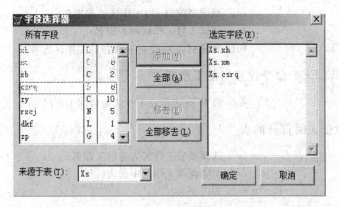

图 3-21　"字段选择器"对话框

试一试：

使用 SET FILTER 和 SET FIELDS TO 命令实现上述功能。

7. 在项目管理器中添加、移去表

① 把课程(kc)表添加到项目 jxgl 中。

- 打开项目管理器，选择"自由表"，单击"添加"按钮。
- 在"打开"对话框中选择课程(kc)表。
- 单击"确定"，将课程(kc)表添加到项目中。

② 用同样方法将成绩(cj)表添加到项目中。

8. 多工作区中表的操作

(1) 在命令窗口中执行相关命令打开表

① 先选择工作区后再打开表：

```
SELECT 1                    && 选择 1 号工作区
USE xs                      && 打开 xs 表
```

② 打开表的同时指定工作区：

```
USE cj IN 2                 && 在 2 号工作区中打开 cj 表
```

③ 在未被使用的区号最小的工作区中打开一张表：

```
SELECT 0                    && 选择未被使用的区号最小的工作区
USE kc                      && 打开 kc 表
```

或者使用 USE kc IN 0

(2) 查看工作区的别名和区号

```
SELECT 1
? SELECT()                  && 测试当前工作区的区号
```

```
? ALIAS()                    && 测试当前(1 号)工作区的表别名
? ALIAS(2)                   && 测试 2 号工作区的表别名
? SELECT("kc")               && 测试别名为 kc 的表所在的工作区区号
```

（3）使用 SELECT 命令设置当前工作区

```
SELECT xs                    && 设置 xs 表所在工作区为当前工作区
```

（4）使用命令关闭打开的表

```
SELECT 2                     && 选择 2 号工作区为当前工作区
USE                          && 关闭当前工作区中的表
USE IN xs                    && 关闭表 xs
```

（5）在命令窗口中执行相关命令查看表是否被打开

```
USE cj                       && 打开 cj 表
? USED("cj")                 && 测试成绩(cj)表是否被打开
USE xs                       && 没有改变当前工作区，又打开表 xs
? USED("cj")                 && 再测试成绩(cj)表是否被打开
```

> **提示：**
>
> CLOSE ALL、CLOSE DATABASES、CLOSE TABLES 可以关闭所有工作区中的表。
>
> **试一试：**
>
> 在"数据工作期"窗口中打开和关闭表。

实验 3.3　表的索引和数据的导入导出

【实验目的】

- 理解有关索引的基本概念，如物理顺序、逻辑顺序、索引关键字、索引类型、索引文件等。
- 掌握建立索引、使用索引、修改索引的方法。
- 掌握数据的导入导出。

【实验准备】

1. 复习有关索引的基本概念以及数据导入导出的方法，预习实验内容。
2. 启动 VFP 6.0 系统。
3. 设置默认工作目录。

【实验内容和步骤】

1. 创建索引

在学生(xs)表中创建索引 xh、xm、zy 和 xc，具体要求见表 3-8。

表 3-8　学生(xs)表中的索引

索引名	排序	索引类型	作　用
xh	升序	候选索引	按学号(xh)排序
xm	降序	普通索引	按姓名(xm)排序
zy	升序	唯一索引	按专业(zy)排序
xc	降序	普通索引	先按姓名再按出生日期排序

① 打开项目管理器,在项目管理器中选择表 xs,单击"修改"按钮,打开表设计器,选择"索引"选项卡。

② 如图 3-22 所示,在"索引名"框中输入索引名称:xh,在"类型"下拉列表框中选择"候选索引",在"表达式"框中输入索引表达式:xh。

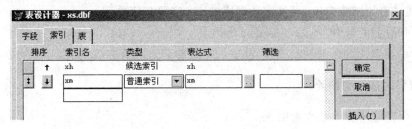

图 3-22　"索引"选项卡

③ 重复上述操作建立索引 xm,单击在"索引名"框左侧的"↑"按钮,将其切换成"↓",表示降序。

④ 单击"确定"按钮,保存修改结果。

⑤ 先填空,再执行命令,创建索引 zy 和 xc。

INDEX ON _____ TAG _____ UNIQUE

_____ xm+DTOC(csrq) TAG xc _____

⑥ 打开表设计器,查看结果。

2. 指定和取消主控索引

(1) 指定索引 xc 为主控索引

① 执行命令:SET ORDER TO xc。

② 执行下述命令查看索引的作用:

? ORDER()　　　　　&& 此命令用于显示当前表的主控索引

BROWSE　　　　　　&& 查看浏览窗口中的记录顺序

(2) 设置索引 xm 为主控索引

① 选择"表"→"属性"菜单命令,打开"工作区属性"对话框。

② 在对话框中的"索引顺序"下拉列表框中选择索引 Xs:Xm(图 3-23),设置 xm 为主控索引。

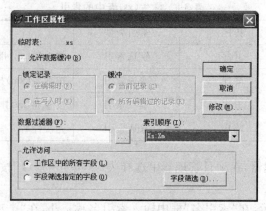

图 3-23 "工作区属性"对话框

③ 观察表的浏览窗口,可见记录顺序按 xm 字段降序排列。

(3) 取消主控索引

在命令窗口中输入并执行命令 SET ORDER TO,取消主控索引。

3. 索引的修改和删除

(1) 在表设计器中修改索引 xm

① 打开表设计器,将索引 xm 的排序改为升序,保存修改结果。

② 设置索引 xm 为主控索引。

③ 观察浏览窗口中的记录顺序。

(2) 删除索引 xc

① 输入并执行以下命令删除表 xs 的索引 xc:

DELETE TAG xc

② 打开表设计器,观察索引 xc 有无被删除。

4. 创建并使用独立索引文件

(1) 创建独立索引文件

① 打开表 xs。

② 在命令窗口中输入并执行以下命令:

INDEX ON xm TO duli

③ 打开"教学管理"文件夹,观察有无名为 duli 的文件,若有,观察其后缀名。

(2) 使用独立索引

继续在命令窗口中输入并执行以下命令:

SET INDEX TO duli
LIST

写出执行结果。

5.利用索引进行快速查找

设置了主控索引后,可以使用 SEEK 命令进行记录的快速定位。使用 SEEK 命令进行快速查找时,要注意两点:

- 必须指定主控索引。
- 记录的索引关键字必须与 SEEK 指定的表达式匹配。

① 输入并执行下面的命令,体会 SEEK 命令和 SEEK 函数的用法。

```
CLOSE TABLES          && 关闭所有表
USE xs                && 打开学生表
SET ORDER TO TAG xh   && 设置主控索引为 xh
SEEK "0306101"        && 快速查找学号为"0301601"的记录
? FOUND()             && FOUND 函数用于检测是否找到记录,若找到,则返回值
                         为.T.
? EOF()               && 结果是_____
DISPLAY               && 显示当前记录内容
? SEEK("0000000")     && 结果是_____
```

> **提示:**
>
> EOF( )函数也可用于检测是否找到记录,若找到,则返回值为.F.。
>
> SEEK( )函数的返回值为.T.,表示找到记录,若没找到,则返回值为.F.。

② 用 SEEK 命令查找姓名为"王伟"的记录,并显示记录内容。

6.统计命令的使用

在命令窗口中输入相应命令,实现下述各项功能,并将命令记录下来。

① 统计女生人数,并将统计结果存入变量 A。
② 统计男生人数,并将统计结果存入变量 B。
③ 统计表中所包含的记录个数,并将统计结果存入变量 C。
④ 分别显示变量 A、B、C 的内容。
⑤ 统计 03 年级的入学成绩平均分,存入变量 AA。
⑥ 统计 01 年级的入学成绩总分,存入变量 BB。
⑦ 显示变量 AA、BB 的内容。
⑧ 汇总各个年级学生的入学成绩,并将结果保存在表 HZ 中。
⑨ 打开 HZ 表,显示表中的内容。

7.数据的导入和导出

(1) 将学生(xs)表导出为一个 Excel 文件

① 打开学生(xs)表。
② 选择"文件"→"导出"菜单命令,打开"导出"对话框。

③ 如图 3-24 所示设置各部分的内容,"来源于"框中默认为当前表,也可直接输入源表路径和名称。

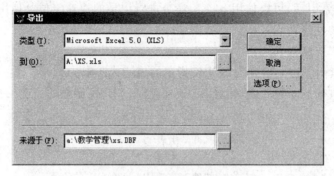

图 3-24 "导出"对话框

④ 单击"确定"按钮。
⑤ 查看命令窗口,记录上述操作产生的命令:
⑥ 打开 Excel 文件,观察结果。

试一试:
    将学生(xs)表中的男生记录导出为文本文件,且仅含 xh、xm、rxcj 三个字段。

(2) 输入并执行下面的命令,理解各条命令的功能

CLOSE ALL
USE xs
COPY TO test FIELDS xm,rxcj FOR xb="女" && 将部分字段和记录导出到表 test 中
USE test
BROWSE
USE XS
COPY MEMO jl TO templ   && 将 test 中简历字段数据导出到 temp1. txt 文件中
COPY TO temp2 TYPE SDF   && 将 test 中记录导出到 temp2. txt 文件中
MODIFY FILE templ. txt NOEDIT   && 以只读方式打开文本文件 templ
MODIFY FILE temp2. txt NOEDIT   && 以只读方式打开文本文件 temp2
ERASE temp * . txt   && 删除文本文件 temp1 和 temp2
USE
DELETE FILE test. dbf   && 删除表文件 test

【常见问题】

    为什么会出现如图 3-25 所示的对话框?
    答:在本实验中出现这样的对话框有两个原因。其一是表中有两条甚至两条以上的索引关键字值相同的记录或空记录。例如,表中有两条学号相同的记录,此时若以字段 xh 为关键字建立主索引或候选索引,就会弹出这样的对话框,因为表中记录不满足建立主索引或候选索引的条件。其二在已经建立主索引或候选索引的表中添加新记录时,如

果新记录的索引关键字的值与原表中的某条记录相同,也会弹出这样的对话框。正因如此,数据表中的记录的唯一性得到了保证。

图 3-25 "警告"对话框

第4章　数据库的创建与使用

本章基本要求：

1. 理论知识

- 掌握数据库的概念。
- 掌握数据库表字段的扩展属性（格式、掩码、标题和注释）及其设置方法。
- 掌握 VFP 的数据完整性的概念及其实现方法。
- 掌握永久关系的概念、作用。
- 掌握临时关系的概念、作用，以及与永久关系的区别和联系。
- 了解数据库的设计过程。

2. 上机操作

- 掌握数据库的创建、打开和关闭。
- 掌握在数据库中创建、添加、移去表。
- 掌握设置数据库表的字段属性，如属性、输入掩码、格式、默认值和注释等。
- 掌握设置字段和记录的有效性规则。
- 掌握设置数据库表的属性及触发器。
- 掌握永久关系的创建和解除以及参照完整性的设置。
- 掌握临时关系的建立和解除。

4.1　知　识　要　点

4.1.1　数据库的基本概念

VFP 中的数据库是一个容器，其中包含了一个或多个数据库表、视图、到远程数据源的连接和存储过程等。

需要注意的是，数据库中并不存储具体的数据，具体的数据仍然是存在表中的。数据库中存储的主要是表和库的链接关系、库表的表属性、库表字段的扩展属性、库表之间的永久关系、完整性约束以及视图的定义、存储过程等。数据库建立之后将产生三个文件：

① 数据库文件，扩展名为.DBC。

② 数据库备注文件，扩展名为.DCT。

③ 数据库索引文件，扩展名为.DCX。

当数据库表从数据库中移出转化为自由表时，存储在数据库中的表和库的链接关系、库表的表属性、库表字段的扩展属性、库表之间的永久关系、完整性约束等信息都将丢失。

4.1.2 数据库表以及字段的有关属性

1. 数据库表

（1）长表名

自由表的表名就是表文件名，而数据库表允许用户给表另起一个意义明确的别名。VFP 最长支持 128 个字符的别名，不过别名不能作为表文件名使用。

（2）表注

表注是对表的解释和说明。在项目管理器中选定一个表时，会显示出表注内容。

（3）记录有效性

当光标移开该记录时，系统检查表的记录有效性。记录有效性中的"规则"设定了字段或字段之间必须满足的关系，通常是一个关系表达式或者逻辑表达式；"信息"给出出错后的提示内容，是一个字符型常量。

（4）触发器

触发器包括插入触发器、更新触发器和删除触发器，其内容是一个逻辑表达式，分别在执行各自操作时被激活。当插入的新记录、更新后的记录或者被删除的记录使表达式的值为.T.时，允许执行该操作，否则不能执行。

2. 字段的扩展属性

（1）显示格式

规定字段显示时的显示风格。

（2）输入掩码

规定字段输入值的格式，以保证输入字段的数据格式的统一和有效，提高输入效率。

（3）标题

在显示表的字段名时，可以用标题来代表，增强字段的可读性，使人易于理解。

（4）注释

字段注释是对字段的说明，在项目管理器中选定这个字段时，会显示字段的注释文本。

4.1.3 表间关系

1. 永久关系

永久关系是数据库表之间存在的一种关系，最常见的是一对多关系。一旦建立之后，只要不删除，就会一直保留。永久关系是建立在索引基础上的，要建立永久关系必须先在两表中分别建立索引，而且这两个索引的索引表达式具有相同的含义。

2. 临时关系

临时关系是在打开的数据表之间用 SET RELATION 命令或是在数据工作期窗口建立的。建立临时关系后，子表的记录指针会随主表记录指针的移动而移动。当其中一个表被关闭后，关系自动解除。建立临时关系的关键在于设置子表的主控索引。

3. 永久关系与临时关系的区别

① 临时关系在表打开之后建立，随表的关闭而解除；永久关系永久地保存在数据库中而不必在每次使用时重新创建。

② 临时关系可以在自由表之间、数据库表之间或自由表与数据库表之间建立，而永久关系只能在数据库表之间建立。

③ 临时关系中一张表不能有两张主表（除非这两张主表是通过子表的同一个主控索引建立的临时关系），永久关系则不然。

4.1.4 数据完整性

VFP 的数据完整性包括实体完整性、域完整性和参照完整性。

1. 实体完整性

实体完整性要求组成表中的主关键字或候选关键字的各个字段不为空，保证表中记录的唯一性。在 VFP 中主索引和候选索引就是起这个作用的。

2. 域完整性

域完整性是对字段的取值类型和取值范围的一种约束。具体而言，对字段数据类型、字段宽度和小数位数的定义都属于域完整性范畴，除此之外，还包括字段的有效性规则。

3. 参照完整性

参照完整性用于控制数据的一致性，在执行插入、删除和更新操作时，检查参照完整性。各种操作的参照完整性含义见表 4-1。

表 4-1　关于参照完整性的说明

操作	完整性	含　义
插入	限制	在子表中不能插入父表中没有的记录。例如学生表（父表）中没有"0001"号学生，就不能在成绩表（子表）中插入该学生的成绩记录
	忽略	没有任何限制，允许插入
删除	级联	在删除父表中某个记录时，删除子表中的相关记录
	限制	若子表中有相关记录，则禁止在父表中删除
	忽略	没有任何限制，允许删除

操作	完整性	含　义
更新	级联	当父表中关键字值被修改时,用新关键字值自动更新子表中的相关记录
	限制	若子表中有相关记录,则禁止更新父表中的关键字的值
	忽略	没有任何限制,允许更新

4.1.5　相关命令

- 创建数据库:CREATE DATABASE [<库文件名>|?]
- 打开数据库:OPEN DATABASE [<库文件名>|?]
- 关闭当前的数据库和数据表:CLOSE DATABASE
- 关闭 VFP 中除命令窗口外的所有内容:CLOSE ALL
- 修改数据库:MODIFY DATABASE [<库文件名>|?]
- 删除数据库:DELETE DATABASE <库文件名>|?
- 在数据库中添加表:ADD TABLE [<表名>|?]
- 将表移出数据库:REMOVE TABLE [<表名>|?]
- 将表移出数据库并删除:REMOVE TABLE <表名> DELETE
- 释放当前表和数据库之间的链接关系:FREE TABLE
- 建立表之间的临时关系:SET RELATION TO 关系表达式 INTO 区号/别名
- 删除表之间的临时关系:SET RELATION TO

4.2　经典例题

4.2.1　选择题

【例 4-1】　在创建数据库表结构时,为该表指定了主索引,这属于数据完整性中的_____。

A) 参照完整性　　　　　　　　　B) 实体完整性
C) 域完整性　　　　　　　　　　D) 用户定义完整性

答案:B

【解析】　本题主要考核数据完整性的概念。数据完整性包括实体完整性、域完整性和参照完整性,其中实体完整性用于保证表中记录的唯一性,这正是主索引的作用之一。

【例 4-2】　数据库表可以设置字段有效性规则,这属于_____。

A) 实体完整性范畴　　　　　　　B) 参照完整性范畴
C) 数据一致性范畴　　　　　　　D) 域完整性范畴

答案:D

【解析】　本题考核域完整性的有关概念。对字段、数据类型、字段宽度和小数位数的定义属于域完整性范畴,除此之外,字段的有效性规则、默认值也属于域完整性范畴。

【例 4-3】 使数据库表变为自由表的命令是_____。

A) DROP TABLE   B) REMOVE TABLE

C) FREE TABLE   D) RELEASE TABLE

答案：B

【解析】 数据库和数据库表在物理上是独立的,它们之间存在的是一种逻辑上的关系,这种逻辑关系是通过它们之间的双向链接实现的,双向链接包括保存在数据库文件中的前链和保存在表文件中的后链。但是,虽然数据库表是独立保存的,其表属性、字段的扩展属性等却是保存在数据库中的。如果无意中删除库文件,上述信息都将丢失,必须使用 FREE TABLE 把表强制转换成自由表后方可使用,所以 FREE TABLE 一般用于上述情况。正常情况下把表从数据库中移出成为自由表的命令应该是 REMOVE TABLE。DROP TABLE 用于删除表。RELEASE TABLE 是一个错误命令。

【例 4-4】 Visual FoxPro 的"参照完整性"中"插入规则"包括的选择是_____。

A) 级联和忽略   B) 级联和删除

C) 级联和限制   D) 限制和忽略

答案：D

【解析】 参照完整性中有"更新规则"、"删除规则"和"插入规则",其中"更新规则"、"删除规则"包括级联、限制和忽略三种选择,但"插入规则"只有限制和忽略两种选择。

【例 4-5】 在 Visual FoxPro 中,如果在表之间的联系中设置了参照完整性规则,并在删除规则中选择"限制",则当删除父表中的记录时,系统反应是_____。

A) 不做参照完整性检查

B) 不准删除父表中的记录

C) 自动删除子表中所有相关的记录

D) 若子表中有相关记录,则禁止删除父表中的记录

答案：D

【解析】 本题考核参照完整性规则中的"删除限制"概念。"删除限制"意味着当子表中有相关记录时,禁止删除父表中的记录。例如,成绩表中有学号为"0001"的学生的成绩记录,则不能将学生表中该生的记录删除。

【例 4-6】 以下关于自由表的叙述,正确的是_____。

A) 全部是用以前版本的 FoxPro(FoxBASE)建立的表

B) 可以用 Visual FoxPro 建立,但是不能把它添加到数据库中

C) 自由表可以添加到数据库中,数据库表也可以从数据库中移出成为自由表

D) 自由表可以添加到数据库中,但是数据库表不可以从数据库中移出成为自由表

答案：C

【解析】 自由表可以添加到数据库中,数据库表也可以从数据库中移出成为自由表。但是一个数据库表不能被添加到其他数据库中,要使一个数据库表成为另外一个数据库的表,必须先使它成为自由表。

【例 4-7】 主索引字段_____。

A) 不能出现重复值或空值   B) 能出现重复值

C) 能出现空值　　　　　　　　　　　D) 不能出现重复值,但能出现空值

答案：A

【解析】 本题考核主索引的基本概念,作为主索引关键字的字段不能出现重复值或空值。

【例 4-8】 在一个数据库中有两张数据库表,要在这两张表之间建立一对多的联系,为此要求这两个表_____。

A) 在父表连接字段上建立普通索引,在子表连接字段上建立主索引

B) 在父表连接字段上建立主索引或者候选索引,在子表连接字段上建立普通索引

C) 在父表连接字段上不需要建立任何索引,在子表连接字段上建立普通索引

D) 在父表和子表的连接字段上都要建立主索引

答案：B

【解析】 本题考核永久关系的概念。永久关系只能在属于同一数据库的两张表之间建立,创建永久关系时,父表必须在连接字段上建立主索引或候选索引。

【例 4-9】 下列关于永久关系和临时关系的描述中,正确的是_____。

A) 如果两张数据库表之间存在永久关系,那么只要打开表,永久关系就起作用

B) 表关闭之后,临时关系消失

C) 永久关系只能建于数据库表之间,而临时关系可以建于各种表之间,当临时关系建立于两个数据库表之间时,临时关系被保存在数据库文件中

D) 无论在临时关系还是永久关系中,一张子表都可以对应多张主表

答案：B

【解析】 永久关系的主要作用是定义参照完整性,参照完整性可以对相关联的表起约束作用,如果没有设置参照完整性,永久关系就谈不上起作用了;临时关系只能建立在两个已打开的表之间,当其中一张表关闭时,临时关系自动消失,任何情况下都不会被保存;另外,在临时关系中一张子表只能对应一张主表,而在永久关系中一张子表能对应多张主表。

【例 4-10】 当数据库表移出数据库后依然有效的是_____。

A) 字段的默认值　　　　　　　　　　B) 记录有效性

C) 触发器　　　　　　　　　　　　　D) 结构复合索引

答案：D

【解析】 由于记录有效性、字段有效性、默认值、触发器等都是保存在数据库文件中的,所以当把表移出数据库后,这些信息将丢失。结构复合索引保存在结构复合索引文件中,因此,即使表移出数据库,索引文件依然有效,只是表中的主索引将自动转为候选索引。

4.2.2　填充题

【例 4-11】 若要使数据库表中的学号字段只能输入数字,则应设置_____。

答案：输入掩码

【解析】 输入掩码可以用来约束输入格式,提高输入效率。

【例 4-12】 参照完整性的作用是控制相关表之间的数据一致性,如果修改学生表中的学生学号后要求自动更新成绩表中相关记录的学号,则应设置参照完整性中的_____规则为_____。

答案:更新 级联

【解析】 参照完整性中的"更新规则"、"删除规则"和"插入规则"分别对应于更新、删除和插入操作,所以根据题意应设置"更新规则",且设置为级联。

【例 4-13】 如果一张数据库表不允许对其作删除操作,那么可以将表的删除触发器设置为_____。

答案:.F.

【解析】 触发器是捆绑在表上的表达式,当其值为.T.时,允许执行相应的操作,否则不可执行。

【例 4-14】 如果要使子表中的记录指针随着主表记录指针的移动而移动,那么应该建立两表之间的_____关系。

答案:临时

【解析】 建立临时关系的步骤是:①在不同工作区打开主表和子表;②设定子表的主控索引;③选择主表工作区为当前工作区,执行以下命令建立临时关系:

SET RELATION TO 关系表达式 INTO 区号/别名

其中,区号/别名是指子表,关系表达式通常由主表的一个或者几个字段构成,与子表的主控索引表达式一致。实质上,子表的记录指针之所以跟随主表的记录指针移动,是因为根据主表的关系表达式的值能通过子表的主控索引在子表中快速定位。

【例 4-15】 Visual FoxPro 中数据库文件的扩展名(后缀)是_____。

答案:.DBC

【解析】 Visual FoxPro 中数据库文件的扩展名为.DBC。VFP 中其他文件的扩展名也是应该熟记的。

4.3 上 机 操 作

实验 4.1 数据库、数据库表的创建和使用

【实验目的】

- 掌握数据库的创建、打开、关闭和删除的方法。
- 掌握创建和使用库表的方法。
- 掌握自由表和数据库表的转化方法。
- 掌握库表属性的设定方法。

【实验准备】

1. 复习有关数据库以及数据库表属性等相关概念,预习实验内容。
2. 启动 VFP 6.0 系统。

3. 设置默认工作目录。

【实验内容和步骤】

1. 在项目管理器中创建数据库：jxgl

① 打开项目 jxgl，进入"项目管理器"窗口，选择"数据"选项卡中的"数据库"，单击"新建"按钮，打开"新建数据库"对话框（图 4-1）。

② 在"新建数据库"对话框中单击"新建数据库"按钮，打开"创建"对话框。

③ 在"创建"对话框中，输入数据库的名称：jxgl。

④ 单击"保存"按钮，系统打开"数据库设计器"窗口，如图 4-2 所示。

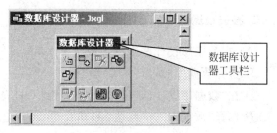

图 4-1　"新建数据库"对话框　　　　　图 4-2　"数据库设计器"对话框

⑤ 单击"关闭"按钮，关闭数据库设计器。

> 提示：
> 　创建数据库的命令是：CREAT DATABASE ＜数据库名＞

2. 向数据库中添加表

（1）在数据库设计器中把学生（xs）表添加到数据库中

① 在项目管理器的"数据"选项卡中选中数据库：jxgl，单击"修改"按钮，打开数据库设计器。

② 选择"数据库"→"添加表"菜单命令或单击"数据库设计器"工具栏上的"添加"按钮，打开"打开"对话框。

③ 在"打开"对话框中选定表 xs，单击"确定"按钮。

> 提示：
> 　在命令窗口中输入 Modify Database jxgl，也能打开数据库设计器。

（2）用命令添加成绩（cj）表

① 在命令窗口中执行命令：ADD TABLE cj。

② 观察"数据库设计器"窗口中有无变化。

（3）在项目管理器中直接把课程（kc）表拖放至数据库中成为数据库表

在"项目管理器"窗口中直接选中课程(kc)表,按住鼠标左键拖动至数据库名或"表"项上,将其添加到数据库中,成为数据库表。

至此,如图 4-3 所示,"数据库设计器"窗口中共有 3 张表。

图 4-3 "数据库设计器"窗口

3.移去或删除表

(1) 在数据库设计器中移去成绩(cj)表

① 打开数据库 jxgl。

② 在"数据库设计器"窗口中选中成绩(cj)表。

③ 选择"数据库"→"移去"菜单命令,或单击"数据库设计器"工具栏上的"移去表"按钮。

④ 在出现的询问对话框(图 4-4)中单击"移去"按钮。

图 4-4 询问对话框

提示:

　如果选择"删除"选项,则从当前数据库中删除该表。

(2) 用命令移去学生(xs)表

在命令窗口执行命令:REMOVE TABLE xs

(3) 将表重新添加到数据库中

用任意方法将学生(xs)表和成绩(cj)表重新添加到数据库中。

4.设置数据库表以及字段的相关属性

(1) 设置学生(xs)表的相关属性

① 选择"数据库"→"修改"菜单命令或单击"数据库设计器"工具栏中的"修改表"按

钮,打开学生(xs)表的"表设计器"窗口。

② 选择表设计器的"字段"选项卡(图 4-5),根据表 3-1 在各个字段的"标题"编辑框内输入相应的字段标题,如选择 csrq 字段,在"标题"编辑框内输入"出生日期"。

图 4-5 表设计器的"字段"选项卡

图 4-6 表设计器的"表"选项卡

③ 选择 xh 字段,在"输入掩码"文本框内输入"9999999"。

④ 选择 xb 字段,在"默认值"文本框中输入""男""(注意不要忘了引号)。

⑤ 选定 rxcj 字段,在"规则"文本框中输入"rxcj>400",在"信息"文本框中输入""入学成绩应大于 400""。

> **提示:**
>
> "规则"是一个表达式,其值为逻辑型;"信息"是一个字符型常量;默认值的数据类型和相应字段的数据类型必须一致。

⑥ 选择 jl 字段,在"字段注释"编辑框内输入"本栏是学生入学前的简历";单击"确定"按钮,关闭"表设计器"窗口。

> **试一试:**
>
> ① 在学生(xs)表中追加一条新记录,观察新记录的特征。
>
> ② 在新记录中输入学号:A000001,观察操作结果。
>
> ③ 打开浏览窗口,任选一条记录,并将 rxcj 字段值改为 380,移开光标,观察操作结果。

(2) 设置课程(kc)表的相关属性

① 打开课程(kc)表的表设计器,选择"字段"选项卡,按表 3-3 设置字段的标题。

② 选择"表"选项卡(图 4-6),在"规则"文本框中输入"kss/16=xf",在"信息"文本框中输入""课程学分和课时数关系不正确"";在删除触发器中输入"EMPTY(kcm)"。

③ 单击"确定"按钮保存。

④ 按图 4-7 输入各条记录。

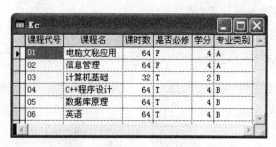

图 4-7　课程(kc)表中的记录

试一试：

① 将课程代号为"05"的课程的"课时数"字段值改为 56,移开光标,观察操作结果。

② 删除表中的第一条记录,观察操作结果。

5. 创建数据库表

下面 3 种方法均可创建数据库表：

- 在打开数据库的前提下,选择"文件"→"新建"菜单命令,创建的新表自动成为该数据库中的表。
- 在项目管理器中选择某一数据库文件中的"表"选项,然后单击"新建"按钮,此时创建的新表是数据库表。
- 在数据库设计器中,单击"数据库设计器"工具栏上的"新建表"按钮,可创建数据库表。

① 选择上述方法中的一种建立专业(zy)表,表结构如表 4-2 所示,并以 zymc 为索引关键字建立主索引 zymc,以 zylb 为索引关键字建立普通索引。

表 4-2　专业(zy)表

字段名	字段标题	字段类型	字段宽度
zymc	专业名称	C	18
zylb	专业类别	C	1
fzr	负责人	C	8
yjfx	研究方向	C	30

② 按图 4-8 输入记录。

③ 执行命令 CLOSE ALL,关闭所有窗口。

【常见问题】

1. 为什么在设置默认值时会出现如图 4-9 所示的问题?

答：因为字段 xb 的数据类型是字符型,所以该字段的默认值应该是一个字符型常量。如果在设置时忽略了这一点,系统就会认为所设置的默认值是个变量,出现这样的对

Visual FoxPro 学习辅导与上机实验

图 4-8　专业(zy)表中的记录

话框就不足为奇了。不仅在设置默认值时容易发生这样的问题,在设置有效性规则时,也常有同学忘记给"信息"框中的内容加上引号,导致这样的结果。

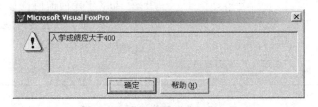

图 4-9　"提示"对话框一

2. 在保存修改后的表结构时,为什么出现如图 4-10 所示的对话框?

答:因为表中已有入学成绩低于 400 的记录。这时只能放弃表结构的修改,将表中记录的值更新后再修改。在修改表结构的过程中,如果表中有不满足所设置条件的记录,表结构无法修改。当然,如果添加或者更新的新记录不符合约束条件,也会出现这样的对话框。

![图4-10 Microsoft Visual FoxPro 对话框,内容为"入学成績应大于400"]

图 4-10　"提示"对话框二

实验 4.2　表间关系的建立和其他操作

【实验目的】

- 掌握数据库表的永久关系的建立方法和表间参照完整性的建立。
- 掌握表的临时关系的建立方法。

【实验准备】

1. 复习数据库表的建立方法,以及表间关系、参照完整性等有关概念。
2. 启动 VFP 6.0 系统。
3. 设置默认工作目录。
4. 在成绩(cj)表中输入如表 4-3 所示记录。

表 4-3 成绩(cj)表记录

xh	kcdh	cj	xh	kcdh	cj
0106101	01	90	0206103	02	77
0106101	02	88	0306102	04	99
0206101	03	50	0306103	01	75
0206101	05	77	0306104	04	80
0206102	02	52	0306104	03	93
0206102	06	66	0306105	06	77

【实验内容和步骤】

1. 建立数据库表

在数据库 jxgl 中建立本系统所需要的其他几张数据库表(表 4-4 至表 4-6),并按说明进行相关设置。

表 4-4 教师(js)表

字段名	字段标题	字段类型	字段宽度	有 关 说 明
jsdh	教师代号	C	6	"jsdh"字段的前两位是"JS";xb 字段值为"男"或"女";长表名为"教师"。建立主索引 jsdh,索引表达式是 jsdh
xm	姓名	C	8	
xb	性别	C	2	
sr	生日	D	8	
zc	职称	C	10	

表 4-5 学生其他情况(qtqk)表

字段名	字段标题	字段类型	字段宽度	有 关 说 明
xh	学号	C	7	"xh"字段由 7 位数字组成,字段 tc 默认值为"无"。表注释为"本表主要记录学生的家庭、奖惩和健康情况",删除规则是:身份证有确定值的记录不得删除。建立主索引 xh,索引表达式是 xh
sfz	身份证	C	18	
jg	籍贯	C	10	
jtdz	家庭地址	C	50	
dh	电话	C	15	
tc	特长	C	60	
jl	奖励	C	60	
cf	处分	C	60	
bl	病历	C	60	

表 4-6　任课（rk）表

字段名	字段标题	字段类型	字段宽度	有 关 说 明
jsdh	教师代号	C	7	建立主索引 jk,索引关键字是 jsdh＋kcdh;建立普通索引 jsdh 和 kh,索引表达式分别是 jsdh 和 kcdh
kcdh	课程代号	C	4	

2. 建立表间永久关系

在数据库设计器中按照表 4-7 建立表间永久关系。

建立表间的永久关系的一般步骤是:

① 在父表中以连接字段为索引表达式建立主索引或候选索引。

② 在子表中以连接字段为索引表达式建立普通索引。

③ 打开数据库设计器,用鼠标左键选中父表中的主索引标识,并拖动至子表中相应的索引标识上。此时,出现一条从父表到子表的连线,表示两张表之间建立了永久关系。

表 4-7　表间关系一览表

主表	主表连接字段	子表	子表连接字段	关系
xs	xh	cj	xh	一对多
xs	xh	qtqk	xh	一对一
kc	kcdh	cj	kcdh	一对多
kc	kcdh	rk	kcdh	一对多
zy	zymc	xs	zy	一对多
js	jsdh	rk	jsdh	一对多

依此方法,如图 4-11 所示建立各表的索引,并建立表间关系。

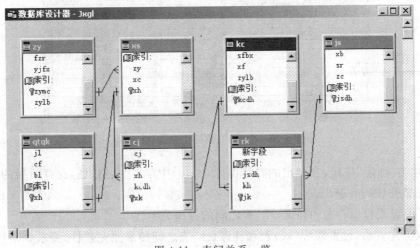

图 4-11　表间关系一览

> **说明：**
>
> 成绩(cj)表的主索引 xk 的索引表达式为 xh＋kcdh。

3.设置参照完整性

（1）设置 xs 表与 cj 表之间的参照完整性为删除限制、更新级联和插入限制

① 打开数据库设计器，用鼠标右键单击 xs 表与 cj 表之间的永久关系连线，出现快捷菜单，单击菜单中的"编辑参照完整性"，打开"参照完整性生成器"对话框。

> **提示：**
>
> 在执行"编辑参照完整性"菜单命令时，会弹出如图 4-12 所示的对话框，此时，只需按对话框中所提示的，执行"数据库"→"清理数据库"菜单命令即可。

图 4-12 "清理数据库"提示对话框

② 在"参照完整性生成器"对话框中，如图 4-13 所示，选择"删除"选项卡，单击 xs 表与 cj 表所在行的"删除"列，在出现的下拉列表框中选择"限制"；单击表 xs 与表 cj 所在行的"更新"列，在出现的下拉列表框中选择"级联"；单击表 xs 与表 cj 所在行的"插入"列，在出现的下拉列表框中选择"限制"。

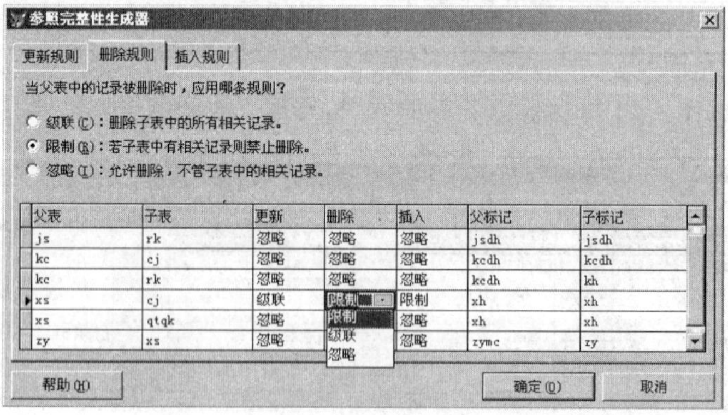

图 4-13 "参照完整性生成器"对话框

③ 单击"确定"按钮，在弹出的对话框（图 4-14）中单击"是"按钮，保存所做的修改，生成参照完整性代码并退出。

（2）设置课程(kc)表和任课(rk)表之间的参照完整性

参照上述方法，设置课程(kc)表和任课(rk)表之间的参照完整性，要求如果任课表中有相关记录，禁止在课程表中删除。

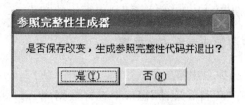

图 4-14 "参照完整性生成器"提示对话框

4. 使用 SET RELATION 命令建立和解除表之间的临时关系

用命令建立临时关系的一般步骤如下:

① 分别在两个工作区中打开要建立临时关系的表。

② 设置子表的主控索引(可以在打开子表的同时设定)。

③ 确定关系表达式。

④ 选定主表工作区为当前工作区,使用 SET RELATION 命令建立关联。

(1) 建立学生(xs)表和成绩(cj)表间的临时关系

① 输入并执行以下命令:

```
OPEN DATABASE jxgl
USE xs IN 0 ORDER TAG xh
USE cj IN 0 ORDER TAG xh          && 打开子表并设置主控索引
SELE xs                          && 选择主表所在工作区
SET RELATION TO xh INTO cj       && 建立临时关系
```

② 执行"窗口"→"数据工作期"菜单命令,打开"数据工作期"窗口(图 4-15),先在"别名"列表框中选择 cj,单击"浏览"按钮,打开 cj 表的浏览窗口,再用同样的方法打开 xs 表浏览窗口。

图 4-15 "数据工作期"窗口

③ 在 xs 表的浏览窗口中移动记录指针,观察 cj 表的变化。

(2) 解除学生(xs)表和成绩(cj)表间的临时关系

① 输入并执行以下命令:

```
SELECT xs                        && 选择主表所在工作区
SET RELATION TO                  && 解除所有与主表的临时关系
```

② 激活"数据工作期"窗口,观察"关系"列表框中的变化。

5. 在项目管理器中添加或者移去数据库

(1) 把数据库 jxgl 从项目中移去

① 打开项目 jxgl,在"项目管理器"窗口中选择数据库 jxgl,单击"移去"按钮,弹出如图 4-16 所示的"提示"对话框。

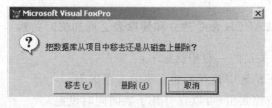

图 4-16 "提示"对话框

② 在弹出的对话框中单击"移去"按钮。

(2) 把数据库 jxgl 添加到项目中移去

① 在"项目管理器"窗口中,选择"数据库",单击"添加"按钮,打开"打开"对话框。

② 在"打开"对话框中,选择 jxgl.dbc 文件,单击"确定"按钮,将数据库重新添加到项目中。

实验 4.3 数据库的设计与实现

【实验目的】

- 了解数据库设计和实现的基本步骤。
- 熟练使用数据库设计器、表设计器或者相关命令完成后台数据库的建立。
- 进一步理解和掌握索引、表间关系、数据完整性等概念。

【实验内容和步骤】

1. 在附录提供的内容中,选择其中一项,建立数据库,并自行设计详细的表结构,包括字段名、字段类型、字段宽度和是否允空等。

2. 结合实际情况,为表中字段设置字段属性,包括标题、显示格式、输入掩码;设置字段有效性、默认值和字段注释。

3. 根据实际情况,为表建立索引。

4. 为表设计长表名,并设置记录有效性、触发器和表的注释。

5. 为每张表输入相关的若干条记录。

6. 在相关表之间建立永久关系,并设置参照完整性。

附录:

数据库及其表结构:

1. 销售管理数据库

供应商(供应商号,供应商名,地址)

订购单(职工号,供应商号,订购单号,订购日期,总金额)

说明:订购日期应在 2006 年内,总金额不得低于 200 元。

2. 工资管理数据库

工资情况(工号,基本工资,加班工资,个人所得税,其他扣除)

部门(部门编号,部门名)

说明:"工号"字段的前两位代表部门编号。

3. 医院处方管理数据库

医生(工号,姓名,出生日期,性别,学历,毕业院校,参加工作时间,备注)

药品(药品编号,药品名,单价,生产厂家,出厂日期)

处方(处方号,工号,药品编号,数量,开药日期)

说明:出厂日期不得早于 2004 年,开药日期默认为系统日期。

4. 成绩管理数据库

学生(学号,姓名,性别,出生时间,籍贯,政治面貌,入学成绩,备注,照片)

成绩(学号,课程号,成绩)

课程(课程号,课程名,学分)

说明:入学成绩必须大于 500 分。

5. 客户管理数据库

客户(客户编号、姓名、性别、地址、电话、E-mail)

客户投诉表(客户编号、投诉时间、投诉内容、投诉类型、接待人员)

说明:① 投诉时间应该在系统当前日期之前。

② 投诉类型只能是"A"或者"B"。

第5章　结构化查询语言

本章基本要求：

1. 理论知识

- 了解 SQL 的功能和特点。
- 掌握 SQL 的数据定义功能，熟练应用 CREATE TABLE-SQL 语句、ALTER TABLE-SQL 语句以及 DROP TABLE-SQL 语句完成表的创建、修改和删除。
- 掌握 SQL 的数据操纵功能，熟练应用 INSERT-SQL 语句、DELETE-SQL 语句以及 UPDATE-SQL 语句添加、删除和更新记录。
- 掌握 SQL 的数据查询功能，能熟练应用 SELECT-SQL 语句完成简单查询、嵌套查询、连接查询、分组与计算查询以及集合的并运算。

2. 上机操作

- 在命令窗口中输入并执行 SQL 命令。

5.1　知 识 要 点

5.1.1　SQL 的特点

SQL 是结构化查询语言(STRUCTURED QUERY LANGUAGE)的缩写，其主要特点是：

① SQL 是一种一体化的语言，集数据定义、数据查询、数据操纵和数据控制功能于一体，可以完成数据库活动中的全部工作。

② SQL 是一种高度的非过程化语言，只需说清楚要做什么，系统就能自动完成。

③ SQL 语言非常简洁，只有为数不多的几个命令动词。

④ SQL 语言提供两种使用方式，既可以在数据库管理系统中以命令方式交互使用（自含式），也可以嵌入到程序设计语言中以程序方式使用（嵌入式）。

> **说明：**
>
> VFP 在 SQL 方面支持数据定义、数据操纵和数据查询功能，但没有提供数据控制功能。

5.1.2 SQL 的数据定义功能

数据定义包含三方面的内容：定义表结构、修改表结构和删除表。

1. 定义表结构

命令格式是：

CREATE TABLE ＜表名＞（＜列名＞ ＜数据类型＞［列级完整性约束条件］
［,＜列名＞ ＜数据类型＞［列级完整性约束条件］…］［,＜表级完整性约束条件＞]）

其中：

① 数据类型包括 VFP 中允许使用的所有字段类型。

② 列级完整性约束条件如表 5-1 所示。

表 5-1 完整性约束条件列表

完整性约束条件	含　义
NULL | NOT NULL	是否允空
CHECK ＜表达式＞［ERROR ＜提示信息＞］	有效性规则和信息
DEFAULT ＜表达式＞	默认值
PRIMARY KEY | UNIQUE	设为主索引|候选索引
REFERENCES ＜表名＞［TAG ＜标识名＞］	建立表间关系
FOREIGN KEY ＜表达式＞ TAG ＜标识名＞	设置外键

③ 如果当前没有打开的数据库，或者在语句中使用了 FREE,系统创建的是自由表，则命令中的许多选项都不可用。如：PRIMARY KEY,DEFAULT,CHECK,FOREIGN KEY 和 REFERENCES。

【例 5-1】 用 SQL 创建学生（xs）表。

表结构为：

学号：字符型,宽度为 6,非空,主索引。

姓名：字符型,宽度为 10。

性别：字符型,宽度为 2,默认值为"男"。

出生日期：日期型,允空。

入学成绩：数值型,宽度为 5,小数位数为 1,有效性规则为"成绩必须介于 400 和 700 之间"。

贷款否：逻辑型。

简历：备注型。

CREATE TABLE xs（学号 c（6）PRIMARY KEY,姓名 c（10），性别 c（2）DEFAULT "男",出生日期 D NULL,入学成绩 N（5,1）CHECK 入学成绩＞＝400 AND 入学成绩＜＝700 ERROR "成绩必须介于 400 和 700 之间",贷款否 L,简历 M）

【例 5-2】　用 SQL 语言创建成绩(cj)表，并与学生表建立关系。

表结构为：

学号：字符型，宽度为 6。

课程号：字符型，宽度为 3。

成绩：数值型，小数位数为 1。

主索引为：xk，索引表达式为：学号＋课程号。

CREATE TABLE cj (学号 c(6)，课程号 c(3)，成绩 n(4,1)；

　　　　　　　　PRIMARY KEY 学号＋课程号 TAG xk；

　　　　　　　　FOREIGN KEY 学号 TAG 学号 REFERENCES xs)

2. 修改表结构

修改表结构的命令以 ALTER TABLE 开头，后面根据不同的操作使用不同的命令动词。

（1）增加字段

命令动词为：ADD [COLUMN]，其后为新增字段的定义，写法与 CREATE TABLE 中的字段定义相同。

【例 5-3】　给员工(yg)表添加字段"政治面貌"，字符型，宽度为 8，允空，有效性规则是：政治面貌只能是"中共党员"、"共青团员"和"其他"。

ALTER TABLE yg ADD 政治面貌 c(8) NULL；

　　CHECK 政治面貌 in("中共党员","共青团员","其他")

【例 5-4】　给员工(yg)表增加"性别"字段，字符型，宽度为 2，默认值为"男"。

ALTER TABLE yg ADD 性别 c(2) DEFAULT "男"

（2）删除字段

命令动词为：DROP [COLUMN]，其后跟待删除的字段名。

【例 5-5】　删除员工(yg)表中"政治面貌"字段。

ALTER TABLE yg DROP 政治面貌

（3）修改字段

命令动词为：ALTER [COLUMN]

如果仅需要修改字段的类型、宽度、主关键字、联系或者允空等，命令动词后的写法与 CREATE TABLE 中的字段定义相同。

【例 5-6】　修改员工(yg)表的"政治面貌"字段：宽度为 10，不允空，其余不变。

ALTER TABLE yg ALTER 政治面貌 c(10) NOT NULL;
　　　CHECK 政治面貌 in("中共党员","共青团员","其他")

　　如果要给已有的字段增加默认值、有效性规则和提示信息等内容的设置,或者修改原有的设置,使用命令动词 SET。

　　【例 5-7】 把员工(yg)表的"政治面貌"字段的默认值属性设置为"中共党员"。

　　ALTER TABLE·yg ALTER 政治面貌 SET DEFAULT "中共党员"

　　【例 5-8】 把员工(yg)表的"政治面貌"字段的有效性规则修改为：政治面貌只能是"中共党员"或者"其他"。

　　ALTER TABLE yg ALTER 政治面貌;
　　　SET CHECK 政治面貌="中共党员" or 政治面貌="其他"

　　如果要删除字段的默认值、有效性规则和提示信息等内容,使用命令动词 DROP。

　　【例 5-9】 删除员工(yg)表的"政治面貌"字段的有效性规则和默认值。

　　ALTER TABLE yg ALTER 政治面貌 DROP CHECK
　　ALTER TABLE yg ALTER 政治面貌 DROP DEFAULT

　　上述操作均不能修改字段名,修改字段名的命令动词是 RENAME。

　　【例 5-10】 把员工(yg)表的"政治面貌"字段改为"是何党派"。

　　ALTER TABLE yg RENAME 政治面貌 TO 是何党派

5.1.3　SQL 的数据操纵功能

　　数据操纵是指对表中数据的操作,包括数据的插入、删除和更新。

1. 插入操作

　　(1) 命令格式 1

　　INSERT INTO ＜表名＞ [(字段名 1[,字段名 2…])] VALUES (表达式 1[,表达式 2…])＞

　　【例 5-11】 给成绩表添加一条记录。

　　INSERT INTO cj (学号,课程号,成绩) VALUES ("010101","001",89)

给出部分字段的值,那么必须在命令中列出对应的字段名。因为命令中给出了成绩表中所有字段的值,所以上述命令可改写为:

INSERT INTO cj VALUES ("010101","001",89)

(2) 命令格式 2

在 VFP 中还提供了从数组或者内存变量中导入记录的方法,命令格式是:

INSERT INTO <表名> FROM ARRAY <数组名>|<内存变量名>

提示:

当表中定义了主索引或者候选索引时,相应的字段的值不能为空,这样原来的 INSERT 或者 APPEND [BLANK] 命令就无法使用。此时,只能使用上述两种 SQL 命令。

2. 更新操作

命令格式是:

UPDATE <表名>

SET 字段名 1=表达式 1 [,字段名 2=表达式 2…]

[WHERE <条件表达式>]

【例 5-12】 将员工(yg)表中男职工的基本工资增加 10%。

UPDATE yg SET 基本工资=基本工资 * 1.1 WHERE 性别='男'

提示:

要注意正确书写命令中的表达式。如,基本工资=基本工资 * 10%,政治面貌= "中共党员"OR "其他",性别=男都是错误的。

3. 删除操作

命令格式是:

DELETE FROM <表名> [WHERE <条件表达式>]

【例 5-13】 删除员工(yg)表中政治面貌为"中共党员"的记录。

DELETE FROM yg WHERE 政治面貌="中共党员"

提示:

① SQL 中的 DELETE 命令执行的是逻辑删除,若要彻底删除记录,要继续使用 PACK 命令。

② 如果省略命令中的 WHERE 子句,那么将删除表中的所有记录。

5.1.4　SQL 的数据查询功能

1. 简单查询

简单查询是基于单表的查询,由 SELECT 和 FROM 短语构成无条件查询或者由 SELECT、FROM 和 WHERE 短语构成有条件查询。

格式是:SELECT ＜字段名表＞ FROM＜表名＞［WHERE ＜条件表达式＞］

（1）显示某几个字段

SELECT 学号,姓名 FROM xs

（2）用通配符 * 表示所有字段

SELECT * FROM xs

（3）用 DISTINCT 去掉重复记录

SELECT DISTINCT 学号 FROM cj

（4）用 WHERE 子句查询满足条件的记录

SELECT * FROM xs WHERE 性别＝′女′

WHERE 子句中常用的查询条件如表 5-2 所示。

表 5-2　常用的查询条件及示例

查询条件	谓　　词	示　　例
比较	＝,＞,＜,＞＝,＜＝,！＝,＜＞,！＞,！＜: NOT＋上述比较运算符	成绩＞＝80
确定范围	(NOT)BETWEEN AND	成绩 BETWEEN 60 AND 80
确定集合	IN,NOT IN	政治面貌 in (″中共党员″,″其他″)
字符匹配	(NOT)LIKE	姓名 LIKE ″刘％″ (％通配 0 或多个字符,通配 1 个字符)
空值	IS NULL,IS NOT NULL	成绩 IS NULL
多重条件	AND,OR	政治面貌＝″中共党员″OR 政治面貌＝″其他″

2. 简单的计算查询

计算查询是指 SQL 可以直接对查询的结果进行计算,用于计算的函数有:COUNT—计数,SUM—求和,AVG—计算平均值,MAX—求最大值,MIN—求最小值。

【例 5-14】　求女生的人数、平均入学成绩、入学成绩最高分和入学成绩最低分。

SELECT COUNT(*) AS 女生人数,AVG(入学成绩) AS 平均入学成绩,MAX(入学成绩) AS 入学成绩最高分,MIN(入学成绩) AS 入学成绩最低分 FROM xs WHERE 性别="女"

> **说明：**
> ① 命令中的 AS 用于给该列起一个名字。
> ② SELECT 子句中不仅有字段,也可以有表达式。

【例 5-15】 查询学生的学号、姓名和年龄。

SELECT 学号,姓名,YEAR(DATE())-YEAR(出生日期) AS 年龄 FROM xs

3. 分组与计算查询

利用 GROUP 子句进行分组计算,其实是对表中的记录进行分类汇总,分组时可以按一列,也可以按多列。

【例 5-16】 查询各门课程的平均成绩。

SELECT 课程号,AVG(成绩) FROM cj GROUP BY 课程号

> **说明：**
> ① GROUP BY 后的分组依据可以是列名,也可以是列序号。
> 例如：SELECT 课程号,AVG(成绩) FROM cj GROUP BY 1
> ② 可以使用 HAVING 子句进一步限定分组条件。

【例 5-17】 查询课程的平均成绩高于 70 分的课程号和平均成绩。

SELECT 课程号,AVG(成绩) FROM cj GROUP BY 1 HAVING AVG(成绩)>=70

> **提示：**
> ① HAVING 子句总是跟在 GROUP BY 子句后面,不可单独使用。
> ② HAVING 子句用于对分组查询的结果进行进一步筛选,WHERE 子句用于对表中的记录进行筛选,所以 HAVING 子句和 WHERE 子句并不矛盾,命令执行时,先用 WHERE 子句对记录进行筛选,然后再分组,最后用 HAVING 子句对分组结果进行筛选。
> 例如：查询不及格人数超过 10 人的课程以及不及格人数。
> SELECT 课程号,COUNT(*) AS 人数 FROM cj WHERE 成绩<60;
> GROUP BY 课程号;
> HAVING COUNT(*)>10
> ③ HAVING 子句中的表达式可以用列名,如上例中的"COUNT(*)>10"可以写作"人数>10"。

4.连接查询

连接是关系的基本操作之一,连接查询是基于多个表的查询。

(1)简单的连接查询

【例 5-18】 查询刘红的成绩情况。

SELECT xs.学号,姓名,课程号,成绩 FROM xs,cj WHERE xs.学号＝cj.学号 AND 姓名＝
"刘红"

这里的 xs.学号＝cj.学号就是连接查询条件,用于实现两表的连接,姓名＝"刘红"是
查询限定条件,用于筛选记录。

(2)使用别名的连接查询

在 FROM 子句中可以为表指定别名,以简化表名的书写。

格式:＜表名＞ ＜别名＞

上面的例子可以改写为:

SELECT a.学号,姓名,课程号,成绩 FROM xs a,cj b WHERE a.学号＝b.学号 AND 姓名＝
"刘红"

提示:

若 SELECT 子句中的字段在查询所涉及的两个或者两个以上的表中出现,必须在
字段前加上表名,以示区别。

---

(3)超链接查询

超链接包括内连接、左连接、右连接和全连接,意义如表 5-3 所示。

表 5-3 连接的类型和含义

连接类型	说 明
内连接	两个表中的字段都满足连接条件,记录才选入查询结果
左连接	连接条件左边的表中的记录都包含在查询结果中,而右边的表中的记录只有满足连接条件时,才选入查询结果
右连接	连接条件右边的表中的记录都包含在查询结果中,而左边的表中的记录只有满足连接条件时,才选入查询结果
完全连接	两个表中的记录不论是否满足连接条件,都选入查询结果中

所使用的命令格式为:

SELECT …

FROM ＜表名＞ INNER|LEFT|RIGHT|FULL JOIN ＜表名＞

ON 连接条件表达式

WHERE …

【例 5-19】 查询刘红的成绩情况。

SELECT xs.学号,姓名,课程号,成绩 FROM xs ;
INNER JOIN cj ON xs.学号＝cj.学号 WHERE 姓名＝"刘红"

5. 嵌套查询

如果查询结果来自于一张表,但相关的条件却涉及多张表,则可以使用嵌套查询来完成。

（1）简单的嵌套查询

命令格式是:

SELECT ＜字段名表＞FROM＜表名＞WHERE＜字段名＞［NOT］IN；
　　（SELECT ＜字段名＞FROM＜表名＞WHERE＜条件表达式＞)

【例 5-20】 查询有不及格课程的学生情况。

SELECT * FROM xs WHERE 学号 IN；
　　（SELECT 学号 FROM cj WHERE 成绩＜60)

提示:
　① 命令在执行时,先执行括号里的内层查询(子查询),再执行外层查询。
　② 当内层查询的结果只有一个值时,可以使用比较运算符,如＝、＞等。

（2）使用 ANY|SOME 和 ALL 的嵌套查询

【例 5-21】 查询其他专业中比国贸专业同学入学成绩高的同学情况。

SELECT * FROM xs WHERE 专业! ＝"国贸" AND 入学成绩 ＞ANY；
　　（SELECT 入学成绩 FROM xs WHERE 专业＝"国贸")

ANY 和 SOME 是同义词,＞ANY 表示大于子查询中的某一个记录,＞ALL 表示大于子查询中的所有记录。上述查询也可以用集函数来实现:

SELECT * FROM xs WHERE zy! ＝"国贸" AND 入学成绩 ＞；
　　（SELECT MIN(入学成绩) FROM xs WHERE 专业＝"国贸")

集函数和 ANY|ALL 的对应关系见表5-4。

表 5-4　ANY、ALL 谓词与集函数及 IN 谓词的等价转换关系

	＝	＞	＞＝	＜	＜＝	＜＞或!
ANY	IN	＞MIN	＞＝MIN	＜MAX	＜＝MAX	无
ALL	无	＞MAX	＞＝MAX	＜MIN	＜＝ALL	NOT IN

（3）使用 EXISTS 谓词的嵌套查询

EXISTS 或 NOT EXISTS 用于检查子查询中有无结果返回。

【例 5-22】 查询还没有选修课程的学生情况。

SELECT * FROM xs WHERE NOT EXISTS；
　　（SELECT * FROM cj WHERE cj.学号 ＝ xs.学号)

上述查询在执行时,首先取父查询表中的一条记录,即取表 xs 中的第 1 条记录,根据这条记录的"学号"字段的值处理子查询,若子查询有结果返回,说明表 cj 中有这个学生的记录,也就是说该生选修了课程,则这条记录不能放入结果集,如果查询没有结果,则放入结果集。然后用同样的方法再处理表 xs 中的第 2 条记录⋯⋯直至最后 1 条记录。

提示:

由于 EXISTS 或 NOT EXISTS 用于判断子查询中有无结果返回,本身并没有任何比较或者运算,所以外层查询中 WHERE 子句后不能写成<字段名> EXISTS(子查询)的形式,内层查询的 SELECT 子句中字段名表用 * 即可。

6. 排序

SQL 使用 ORDER BY 子句对查询结果进行排序。

【例 5-23】 查询学生(xs)表中学生的学号、姓名、出生日期、籍贯和入学成绩,先按"籍贯"升序排列,再按"入学成绩"降序排列。

SELECT 学号,姓名,出生日期,籍贯,入学成绩 FROM xs ORDER BY 籍贯 ASC,入学成绩 DESC

说明:

① ASC 表明查询结果按升序排列,DESC 表明查询结果按降序排列,SQL 默认查询结果升序排列,所以 ASC 经常被省略。

② SQL 中可以按一列或者多列进行排序。

③ ORDER BY 后面的排序字段可以用它们在 SELECT 子句中的位置序号来代替。

上述查询可改写为:SELECT 学号,姓名,出生日期,籍贯,入学成绩 FROM xs ORDER BY 4,5 DESC

7. 集合的并运算

集合的并运算是用 UNION 将两个 SELECT 语句的查询结果合并成一个。

【例 5-24】 查询教师(js)表和学生(xs)表中的女性的姓名。

SELECT "教师" AS 身份,姓名 FROM js WHERE 性别="女";
UNION;
SELECT "学生" AS 身份,姓名 FROM js WHERE 性别="女";

说明:

① 两个查询要有相同的字段个数。

② 两个查询对应的字段要有相同的数据类型和取值范围。

8. 查询结果的输出

（1）输出去向

在 SELECT 语句中可以指定查询结果的输出去向，详见表 5-5。

表 5-5 查询输出去向列表

输出去向	命令形式	输出去向	命令形式
临时表	INTO CURSOR ＜表名＞	文本文件	TO FILE ＜文件名＞
永久表	INTO TABLE|DBF ＜表名＞	打印机	TO PRINTER
数组	INTO ARRAY ＜数组名＞		

注意：

  当 TO 和 INTO 短语同时使用时，TO 短语将被忽略。

（2）输出部分结果

输出部分结果使用 TOP n［PERCENT］短语。不使用 PERCENT 时，n 是 1～32767 间的整数，使用 PERCENT 时，n 是 0.01～99.99 之间的实数。

【例 5-25】 查询输出入学成绩在前 3 名的学生。

SELECT ＊ TOP 3 FROM xs ORDER BY 入学成绩 DESC

【例 5-26】 查询输出入学成绩在前 3％的学生。

SELECT ＊ TOP 3 PERCENT FROM xs ORDER BY 入学成绩 DESC

提示：

  TOP 短语要与 ORDER BY 短语同时使用时才有效。

5.2 经典例题

5.2.1 选择题

【例 5-1】 SQL 和其他数据操作语言不同，其关键在于_____。

A）SQL 是一种过程性语言   B）SQL 是一种非过程性语言

C）SQL 语言简洁、精炼   D）SQL 的词汇有限

答案：B

【解析】 SQL 不同于其他数据操作语言的关键是，SQL 语言是一种非过程性语言，用户只需要说明要做什么，而不需要说明怎样做。

【例 5-2】 SQL 语句中删除表的命令是_____。

A）DROP TABLE   B）DELETE TABLE

C) ERASE TABLE   D) DELETE DBF

答案：A

【解析】 DROP TABLE 命令可以直接将表从磁盘上删除。但是,在删除数据库表时,要先把数据库打开,只有这样才能保证在磁盘上删除表文件的同时,也能把表从数据库中删除。否则,表文件虽然被删除了,但数据库中却还有它的信息,那么在使用数据库时会出现错误提示。B、C、D 都不是正确的命令。

【例 5-3】 SQL 语句中修改表结构的命令是_____。

A) MODIFY TABLE   B) MODIFY STRUCTURE
C) ALTER TABLE   D) ALTER STRUCTURE

答案：C

【解析】 A 和 D 都是错误的命令,B 是一条 VFP 命令,但不是 SQL 命令。

【例 5-4】 SQL 的数据操纵语句不包括_____。

A) INSERT INTO   B) UPDATE
C) DELETE   D) INSERT BEFORE

答案：D

【解析】 INSERT BEFORE 可以用来插入记录,但它是一条 VFP 命令,而不是 SQL 命令,插入记录的 SQL 命令是 INSERT INTO。UPDATE 用于修改记录,DELETE 用于删除记录。

【例 5-5】 为"学院"表增加一个字段"教师人数"的 SQL 语句是_____。

A) CHANGE TABLE 学院 ADD 教师人数 I
B) ALTER STRUCTURE 学院 ADD 教师人数 I
C) ALTER TABLE 学院 ADD 教师人数 I
D) CHANGE TABLE 学院 INSERT 教师人数 I

答案：C

【解析】 给表增加字段是一种修改表结构的操作,所以使用 ALTER TABLE 命令,其他选项都是错误的。

【例 5-6】 为"教师"表的"职工号"字段添加有效性规则：职工号的最左边两位字符是"zg",正确的 SQL 语句是_____。

A) CHANGE TABLE 教师 ALTER 职工号 SET CHECK LEFT(职工号,2)="zg"
B) ALTER TABLE 教师 ALTER 职工号 SET CHECK LEFT(职工号,2)="zg"
C) ALTER TABLE 教师 ALTER 职工号 CHECK LEFT(职工号,2)="zg"
D) CHANGE TABLE 教师 ALTER 职工号 SET CHECK OCCURS(职工号,2)
   ="zg"

答案：B

【解析】 给已有的字段添加有效性规则是一种修改字段的操作,使用 ALTER<表名>ALTER<字段名>的格式;对已有字段的有效性规则作出设定或者修改,使用 SET CHECK 的命令,所以 B 是正确的。如果是增加的字段中包含有效性规则,则无需用 SET。

【例 5-7】 将"教师"表中"欧阳秀"的工资增加 200 元的 SQL 语句是_____。

A) REPLACE 教师 WITH 工资＝工资＋200 WHERE 姓名＝"欧阳秀"

B) UPDATE 教师 SET 工资＝工资＋200 WHEN 姓名＝"欧阳秀"

C) UPDATE 教师 工资 WITH 工资＋200 WHERE 姓名＝"欧阳秀"

D) UPDATE 教师 SET 工资＝工资＋200 WHERE 姓名＝"欧阳秀"

答案：D

【解析】 增加工资属于更新数据操作,应使用 UPDATE 命令,而且 SQL 中的条件短语是 WHERE,所以 D 是正确的。REPLACE 命令也可以完成数据更新,但它是一条 VFP 命令,在 VFP 中用 FOR 子句表示条件。

【例 5-8】 用下面的 SQL 命令创建一张学生(STUDENT)表。

CREATE TABLE STUDENT(SNO C(4) PRIMARY KEY NOT NULL;

　　　　　　　SN C(8);

　　　　　　　SEX C(2);

　　　　　　　AGE N(2) CHECK(AGE＞15 AND AGE＜30)

以下 SQL 语句中可以正确执行的是_____。

A) INSERT INTO STUDENT(SNO, SEX, AGE) VALUES ("S9","男",17)

B) INSERT INTO STUDENT(SN, SEX, AGE) VALUES ("李安琦","男", 20)

C) INSERT INTO STUDENT(SEX, AGE) VALUES ("男", 20)

D) INSERT INTO STUDENT(SNO, SN) VALUES ("S9","安琦",16)

答案：A

【解析】 插入记录时,若没有给出表中所有字段的值,那么字段列表不能省略,而且 VALUES 后面的表达式和字段列表中的字段必须一一对应。A、B 和 C 都符合上述条件,但要注意题目中 SNO 是主索引,不能为空,所以插入记录时必须有 SNO 字段的值,因此只有 A 是正确的。

【例 5-9】 在查询语句中,_____短语用于实现关系的投影运算。

A) WHERE　　　　　　　　　　B) SELECT

C) ORDER BY　　　　　　　　　D) FROM

答案：B

【解析】 WHERE 短语用于实现选择运算,SELECT 短语用于实现投影运算,FROM 指定查询的数据来源,ORDER BY 用于排序,所以 B 是正确的。

【例 5-10】 用 SQL 命令查询选修的每门课程的成绩都高于或等于 85 分的学生的学号和姓名,正确的命令是_____。

A) SELECT 学号,姓名 FROM S WHERE NOT EXISTS;

　　(SELECT * FROM SC WHERE SC.学号＝S.学号 AND 成绩＜85)

B) SELECT 学号,姓名 FROM S WHERE NOT EXISTS;

　　(SELECT * FROM SC WHERE SC.学号＝S.学号 AND 成绩＞＝85)

C) SELECT 学号,姓名 FROM S,SC;

WHERE S.学号＝SC.学号 AND 成绩≥=85

D) SELECT 学号,姓名 FROM S,SC;

WHERE S.学号＝SC.学号 AND ALL 成绩≥=85

答案：A

【解析】 "每门课程的成绩都高于或等于85分"意味着没有低于85分的课程,A是正确的。

【例 5-11】 删除"教师"表中工资介于2000和3000之间的记录,正确的SQL语句是_____。

A) DELETE ＊ FROM 教师 WHERE 工资 BETWEEN 2000 AND 3000

B) DELETE FROM 教师 WHERE 工资＞＝2000 AND 工资＜＝3000

C) DELETE 教师 WHERE 工资 BETWEEN 2000 AND 3000

D) DELETE 教师 FOR 工资＜＝2000 AND 工资＞＝3000

答案：B

【解析】 本题考核删除记录的SQL命令,其一般格式是：

DELETE FROM ＜表名＞ WHERE ＜条件表达式＞

【例 5-12】 有 SQL 语句：SELECT ＊ FROM 教师 WHERE NOT(工资＞3000 OR 工资＜2000)与如上语句等价的 SQL 语句是_____。

A) SELECT ＊ FROM 教师 WHERE 工资 BETWEEN 2000 AND 3000

B) SELECT ＊ FROM 教师 WHERE 工资＞2000 AND 工资＜3000

C) SELECT ＊ FROM 教师 WHERE 工资＞2000 OR 工资＜3000

D) SELECT ＊ FROM 教师 WHERE 工资＜＝2000 AND 工资＞＝3000

答案：A

【解析】 本题主要考核条件表达式的写法,A是正确的选项。

【例 5-13】 要在浏览窗口中显示"教师"表中所有"教授"和"副教授"的记录,下列命令中错误的是_____。

A) USE 教师

BROWSE FOR 职称＝"教授" AND 职称 ＝"副教授"

B) SELECT ＊ FROM 教师 WHERE "教授" ＄ 职称

C) SELECT ＊ FROM 教师 WHERE 职称 IN("教授","副教授")

D) SELECT ＊ FROM 教师 WHERE LIKE("＊教授",职称)

答案：A

【解析】 本题主要考核表达式的用法,A是错误的,因为职称字段不可能同时是"教授"和"副教授",应改为：职称＝"教授" OR 职称 ＝"副教授"。

【例 5-14】 有 SQL 语句：

SELECT DISTINCT 系号 FROM 教师 WHERE 工资＞＝;

　　ALL(SELECT 工资 FROM 教师 WHERE 系号＝"02")

与如上语句等价的 SQL 语句是_____。

A) SELECT DISTINCT 系号 FROM 教师 WHERE 工资>=;

(SELECT MAX(工资)FROM 教师 WHERE 系号="02")

B) SELECT DISTINCT 系号 FROM 教师 WHERE 工资>=;

(SELECT MIN(工资)FROM 教师 WHERE 系号="02")

C) SELECT DISTINCT 系号 FROM 教师 WHERE 工资>=;

ANY (SELECT 工资 FROM 教师 WHERE 系号="02")

D) SELECT DISTINCT 系号 FROM 教师 WHERE 工资>=;

SOME(SELECT 工资 FROM 教师 WHERE 系号="02")

答案：A

【解析】 >=ALL 表示大于或等于子查询结果中的所有值,也就是要大于或等于子查询结果中的最大值,>=ANY 表示大于或等于子查询结果中的某个值,也就是要大于或等于子查询结果中的最小值,ANY 和 SOME 等价。四个选项中,A 是正确的。

【例 5-15】 在 Visual FoxPro 中,以下有关 SQL 的 SELECT 语句的叙述中,错误的是_____。

A) SELECT 子句中可以包含表中的列和表达式

B) SELECT 子句中可以使用别名

C) SELECT 子句规定了结果集中的列顺序

D) SELECT 子句中列的顺序应该与表中列的顺序一致

答案：D

【解析】 查询结果集中列的顺序由 SELECT 子句决定,与表中列的顺序无关。

【例 5-16】 下列关于 SQL 中 HAVING 子句的描述,错误的是_____。

A) HAVING 子句必须与 GROUP BY 子句同时使用

B) HAVING 子句与 GROUP BY 子句无关

C) 使用 WHERE 子句的同时可以使用 HAVING 子句

D) 使用 HAVING 子句的作用是限定分组的条件

答案：B

【解析】 HAVING 子句用于限定分组条件,必须和 GROUP BY 子句同时使用。

5.2.2 填充题

例 5-17～例 5-26 均以下述数据表为例。

学生表：S(学号,姓名,性别,出生日期,院系)

课程表：C(课程号,课程名,学时)

选课成绩表：SC(学号,课程号,成绩)

在上述表中,"出生日期"字段为日期型,"学时"和"成绩"字段为数值型,其他字段均为字符型。

【例5-17】 给学生表的"出生日期"字段增加有效性规则和提示信息,学生要求只能是1970年以前出生的。相应的SQL语句是:

ALTER S ALTER 出生日期 ___①___ YEAR(出生日期)<1970;
　　　　　　　　　　　　___②___ "出生日期在1970年以前"

答案:① SET CHECK ② ERROR

【解析】 修改或者增加一个已有字段的有效性规则时,用 SET CHECK…ERROR…短语。

【例5-18】 给课程表增加课程类别字段,字符型,宽度为8,要求该字段的值只能是公共课、基础课、专业课、选修课。对应的SQL语句是:

ALTER C ADD 课程类别 C(8);
_____课程类别 IN("公共课","基础课","专业课","选修课")

答案:CHECK

【解析】 增加字段用 ADD 子句,若在新增字段的定义中包含有效性规则,使用CHECK。

【例5-19】 修改"C02"号课程的成绩,要求80分(含80分)以上的减10分,80分以下的减5分。对应的SQL语句是:

UPDATE SC SET 成绩=_____ WHERE 课程号='C02'

答案:IIF(成绩>=80,成绩-10,成绩-5)

【解析】 更新操作用 UPDATE 命令,此外本题还考核了 IIF( )函数的用法。

【例5-20】 查询选课成绩表中的选课门数,对应的SQL语句是:

SELECT COUNT(___) FROM SC

答案:DISTINCT 课程号

【解析】 计数使用 COUNT( )函数。显然在选课成绩表中,课程号是允许重复的,因此在统计课程数目时,应用 DISTINCT 短语去掉重复值。

【例5-21】 查询每门课程的选修人数,要求显示课程名和学生人数。对应的SQL语句是:

SELECT 课程名,___①___ AS 学生人数;
FROM SC JOIN C ___②___ SC.课程号=C.课程号;
GROUP BY ___③___

答案:① COUNT(＊) ② ON ③ 课程号

【解析】 这是一个分组与计算查询,查询涉及课程表和选课成绩表,COUNT( )函数用于计数,两表之间的联接条件由 ON 引出,GROUP BY 子句完成分组,分组依据是"课程号"。

【例5-22】 查询每门课程的优秀人数和不及格人数,要求显示课程号、优秀人数、不及格人数。对应的SQL语句是:

SELECT 课程号,COUNT(＿＿①＿＿) AS 不及格人数,COUNT(＿②＿) AS 优秀人数;
FROM SC ;
GROUP BY 课程号

答案：① 成绩＝IIF(成绩＜60,1,. NULL.) ② 成绩＝IIF(成绩＞＝90,1,.
NULL.)

【解析】 COUNT([DISTINCT|ALL]＜列名＞)用于统计某一列中值的个数,如果某记录该列的值为空,那么这条记录不计算在内。如果指定 DISTINCT 短语,表示在计算时去掉列中的重复值,否则不去掉重复值。

【例 5-23】 在 SQL 中字符串匹配运算符用＿＿①＿＿表示,＿＿②＿＿可以表示 0 或多个字符。

答案：① LIKE ② ％

【解析】 SQL 中的特殊运算符 LIKE 用于匹配字符串,符号"_"匹配一个字符,符号"％"匹配 0 或多个字符。如：SELECT ＊ FROM 教师 WHERE 姓名 LIKE ″林％″。

【例 5-24】 在 SQL SELECT 查询中,使用＿＿＿＿＿＿子句指出查询条件。

答案：WHERE

【解析】 SQL SELECT 查询中,用 WHERE 子句指出查询条件。

【例 5-25】 在 SQL SELECT 语句中将查询结果存放在一个临时表中应该使用子句＿＿＿＿＿。

答案：INTO CURSOR

【解析】 INTO TABLE|DBF 将查询结果存放到永久表中,INTO CURSOR 将查询结果存放到临时表中,INTO ARRAY 将查询结果存放到数组中。

【例 5-26】 在查询语句中,对查询结果进行排序,应使用的是＿＿＿＿＿＿＿子句。

答案：ORDER BY

【解析】 ORDER BY 子句可以将查询结果按一列或者多列排序,排序依据可以是列名或者数字；排序有升序排列和降序排列两种,ASC 表示升序排列,可以省略,DESC 表示降序排列。

5.3　上机操作

实验 5.1　结构化查询语言(一)

【实验目的】

- 掌握使用 SQL 语句创建、删除和修改表。
- 掌握使用 SQL 语句完成对数据的修改。

【实验准备】

1. 复习 SQL 的数据定义和数据操纵命令的用法。
2. 预习实验内容。

3. 启动 VFP 6.0 系统。

4. 设置默认工作目录。

【实验内容和步骤】

1. 练习使用 SQL 的数据操纵命令,观察并记录命令执行的结果

(1) 使用 CREATE-SQL 命令在 jxgl 数据库中建立研究生(yjs.dbf)表,表结构见表 5-6。步骤如下:

① 在命令窗口中输入并执行命令,打开数据库 jxgl。

② 执行 CREATE-SQL 命令建立研究生(yjs.dbf)表。

③ 在数据库设计器中查看研究生(yjs.dbf)表,观察在数据库 jxgl 中是否包含该表,并记录主索引、默认值、有效性规则等设置情况。

表 5-6   研究生(yjs.dbf)表结构

字段名	字段类型	字段长度	索引	说明
学号	C	6	主索引	
姓名	C	8		
性别	C	2		默认值为"男"
年龄	I			年龄小于 45 岁
入学年月	D			允许为空值

(2) 用 ALTER-TABLE 命令修改研究生(yjs.dbf)表,并在表设计器中查看表结构的变化。

① 增加字段:专业 c(10)。

② 修改"入学年月"字段,设置默认值为:2006 年 9 月 1 日。

③ 删除"性别"字段的默认值设置。

④ 将"年龄"字段的有效性规则设置为"年龄介于 20 到 45 之间",并给出相应的错误提示信息。

⑤ 修改"入学年月"字段,将字段名改为"入学时间"。

⑥ 删除字段"专业"。

2. 练习使用 SQL 的数据操纵命令,观察并记录命令执行的结果

(1) 用 INSERT 命令给研究生(yjs.dbf)表添加两条记录。

(2) 定义一个数组,并将数组中的元素添加到研究生(yjs.dbf)表中。

① 定义数组。

请在命令窗口中输入:

```
DIMENSION aa(2,5)
aa(1,1)="060101"
```

aa(1,2)="李娜"

aa(1,3)="女"

aa(1,4)=24

aa(2,1)="060201"

aa(2,2)="林海"

aa(2,3)="男"

aa(2,5)={^2006/03/03}

aa(2,4)=26

② 用 INSERT 命令将数组 aa 添加到研究生(yjs.dbf)表中。

(3) 用 UPDATE 语句将男生的年龄减少两岁。

(4) 用 DELETE 语句删除表中的女生记录。

(5) 删除研究生(yjs.dbf)表。

实验 5.2　结构化查询语言(二)

【实验目的】

- 掌握使用 SQL 语句实现单表查询。
- 掌握使用 SQL 语句实现联接查询。
- 掌握使用 SQL 语句实现嵌套查询。
- 掌握使用 SQL 语句实现分组查询。
- 掌握使用 SQL 语句对查询结果排序。
- 掌握使用 SQL 实现对查询结果的各种输出操作。

【实验准备】

1. 复习 SELECT SQL 查询语句的用法。
2. 准备实验所需的数据表,预习实验内容。
3. 启动 VFP 6.0 系统。
4. 设置默认工作目录。

【实验内容和步骤】

按照题目要求,在命令窗口中输入相关的 SQL 命令并执行,观察并记录查询结果。

1. 单表查询

(1) 列出课程表中的所有记录。

(2) 根据成绩表列出所有选修了课程的学生的学号,去掉重名。

(3) 查询男生的入学成绩,要求列出学号、姓名和入学成绩。

(4) 查询非计算机专业而且入学成绩不低于 600 的学生,要求列出学号、专业、入学成绩,并按入学成绩升序排列。

(5) 查询所有计算机专业和数学专业的学生的学号、姓名、专业,并将结果输出到表 SQL1 中。(用 IN 运算符)

（6）查询姓"刘"的学生的学号、姓名、专业，并将结果输出到表 SQL2 中。

2. 分组查询

（1）查询男生和女生的入学成绩最高分、最低分和平均分。（提示：按"性别"分组）

（2）查询入学成绩平均分高于 580 的专业以及平均分。（提示：按"专业"分组）

3. 联接查询

（1）根据学生（xs）表、成绩（cj）表和课程（kc）表列出学生成绩表，包括学号、姓名、课程名、成绩。（提示：连接条件是：xs. xh＝cj. xh and cj. kcdh＝kc. kcdh）

（2）根据学生（xs）表和成绩（cj）表查询选修 02 号课程而且成绩＞70 的学生的学号、姓名和成绩。

（3）根据成绩（cj）表和课程（kc）表查询各门课程的平均分，包括课程代号、课程名和平均分，查询结果按平均分降序排序。（提示：按"课程代号"分组）

4. 嵌套查询

（1）根据学生（xs）表和成绩（cj）表查询选修 02 号课程而且成绩＞70 的学生的学号和姓名。

（2）根据学生（xs）表和专业（zy）表查询 A 类专业的学生名单。

（3）查询与"夏天"同一专业的学生的学号和姓名。

5. 集合查询

（1）在教师（js）表中输入图 5-1 所示的记录，在命令窗口中输入并执行如下命令，查询学生（xs）表和教师（js）表中的女性的人数。

```
SELE "教师" AS 身份,COUNT( * ) AS 人数 FROM js WHERE XB='女';
UNION;
SELE "学生" AS 身份,COUNT( * ) AS 人数 FROM xs WHERE XB='女'
```

（2）查询列出女教师和女学生的名单，包括身份、姓名两个字段。

Jsdh	Xm	Xb	Sr	Zc
JS0001	于朵	女	06/19/62	副教授
JS0002	蒋成功	男	03/12/65	副教授
JS0003	万世年	男	01/09/50	教授
JS0004	孙乐	男	12/15/73	讲师
JS1001	李吉梅	女	12/04/70	副教授
JS1002	卢鸿	男	03/15/52	教授

图 5-1　教师（js）表记录

【常见问题】

1. 为什么会出现如图 5-2 所示的对话框?

答：出现这样的对话框可能是由于：①命令关键字写错；②语句中用到的符号，如括号、引号、等号等是中文符号；③表达式书写有错误，如 xm＝′夏天。

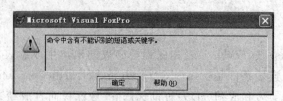

图 5-2 "警告"对话框(a)

2. 为什么会出现如图 5-3 所示的对话框?

答：出现这样的对话框可能是由于在 ORDER BY 或者 GROUP BY 子句中没有使用列名或数字，如 GROUP BY LEFT(xh,2)，等等。另外，当列名写错时，也会给出"找不到列"的提示。由于查询的表不在当前的工作目录中，还会出现"找不到表"的提示。所以在书写 SQL 命令时，一定要细心、严谨，这样才能减少错误。当出现上述提示时，应根据提示内容，仔细查找以发现并改正错误。

图 5-3 "警告"对话框(b)

第6章   查询和视图

本章基本要求:

1. 理论知识

- 掌握查询和视图的概念。
- 理解查询和视图的区别。
- 掌握建立视图的 SQL 命令。
- 掌握建立和运行查询文件的命令。
- 理解查询和视图中各选项卡的含义以及与 SQL 的对应关系。

2. 上机操作

- 掌握在查询设计器中创建查询的方法。
- 掌握在视图设计器中创建视图的方法。
- 掌握创建基于多表和单表的查询和视图。
- 掌握创建分组查询和视图。

6.1   知 识 要 点

6.1.1   查询和视图的基本概念

1. 查询

查询是一条预先定义好的 SELECT-SQL 语句,可以在需要的时候反复使用。查询在查询设计器中建立,被保存为后缀名为 .qpr 的查询文件。查询文件是一个主体为 SELECT-SQL 语句的文本文件,运行查询文件会得到一个基于表和视图的数据集合。查询结果根据查询设计器中的设置,可以用不同的形式来保存,但是是只读的。

2. 视图

视图本质上也是一条 SELECT-SQL 语句,可以通过视图设计器或者 SQL 命令建立。视图是一种虚拟表,并不存储数据,但在使用上和表类似。视图被保存在数据库中,只有在打开数据库的前提下才能创建视图。

3. 查询和视图的区别

查询和视图虽然本质上都是一条 SELECT-SQL 语句,但也有许多不同之处:

① 查询以查询文件的形式独立存储,视图文件并不单独存储,而是保存在数据库中。

② 查询不可以作为数据源;视图可以作为查询或视图的数据源。

③ 查询的结果是只读的,视图则可以更新,通过更新视图可以更新基本表中的记录数据。

6.1.2 创建视图的 SQL 命令

CREATE [SQL] VIEW <视图文件名> AS <SELECT-SQL 语句>

提示:

创建视图前必须先打开数据库。

6.1.3 查询设计器与视图设计器的区别

查询设计器包含字段、联接、筛选、排序依据、分组依据和杂项 6 个选项卡,比视图设计器少一个"更新条件"选项卡。

6.1.4 相关命令

与查询或视图相关的命令如表 6-1 所示。

表 6-1 与查询或视图相关的命令列表

命 令	功 能
CREATE QUERY	打开查询设计器创建查询
DO <查询文件名.QPR>	运行查询文件
OPEN DATABASE <数据库名> USE <视图名> BROWSE	打开视图并浏览
MODIFY VIEW [<视图名>|?]	修改视图
RENAME VIEW <源视图名> TO <新视图名>	重命名视图
DELETE VIEW [<视图名>|?]	删除视图

6.2 经 典 例 题

6.2.1 选择题

【例 6-1】 在 Visual FoxPro 中,关于视图的正确叙述是_____。

A) 视图与数据库表相同,用来存储数据

B) 视图不能同数据库表进行连接操作

C) 在视图上不能进行更新操作

D) 视图是从一个或多个数据库表导出的虚拟表

答案:D

【解析】 本题主要考核视图的概念。视图虽然与表有相似之处,但视图中并不存储数据,它是一张虚拟表。

【例 6-2】 查询设计器中"联接"选项卡对应的 SQL 短语是_____。

A) WHERE   B) JOIN   C) SET   D) ORDER BY

答案:B

【解析】 本题考核查询设计器中各选项卡与 SQL 短语的对应关系。查询设计器中的"字段"选项卡对应"SELECT","联接"选项卡对应 JOIN,"筛选"选项卡对应"WHERE","排序"选项卡对应"ORDER BY","分组"选项卡对应"GROUP BY","杂项"选项卡中"无重复记录"对应"DISTINCT"。

【例 6-3】 视图与基表的关系是_____。

A) 视图随基表的打开而打开   B) 基表随视图的关闭而关闭

C) 基表随视图的打开而打开   D) 视图随基表的关闭而关闭

答案:C

【解析】 基表随视图的打开而打开,但视图的基表不会随视图的关闭而关闭,基表的关闭也不会引起视图的关闭。

【例 6-4】 下列说法中不正确的是_____。

A) 视图设计器比查询设计器多一个"更新条件"选项卡

B) 视图文件的扩展名是.vcx

C) 当基表数据发生变化时,可以用 REQUERY()函数刷新视图

D) 查询文件中保存的不是查询结果,而是 SELECT-SQL 命令

答案:B

【解析】 视图是一张虚表,依存于数据库,不以文件形式单独保存。

【例 6-5】 查询结果可以以多种形式输出,以下_____不是查询的输出形式。

A) 自由表   B) 数组   C) 临时表   D) 视图

答案:D

【解析】 查询的输出形式可以是:浏览(默认)、表(INTO TABLE/DBF)、数组(INTO ARRAY)、临时表(INTO CURSOR)、文本文件(TO FILE)、屏幕(TO SCREEN)和打印机(TO PRINTER)以及图形、报表、标签。

【例 6-6】 创建参数化视图时,应该在筛选对话框的实例框中输入_____。

A) * 以及参数名   B) ! 以及参数名

C) ? 以及参数名   D) 参数名

答案:C

【解析】 本题考核建立参数化视图的方法。

6.2.2　填充题

【例 6-7】　运行查询 query1 的命令是_____。

答案：DO query1.qpr

【解析】　在使用 DO 命令运行查询时,不能省略查询文件的后缀名：QPR。

【例 6-8】　ODBC 的中文含义是_____。

答案：开放数据库互联

【解析】　开放数据库互联(ODBC)是一种连接数据库的通用标准,在数据库中建立远程视图时用到的数据源一般都是 ODBC 数据源。需要注意的是,建立远程视图使用的 SQL 语法要符合远程数据库的语法,与 VFP 中的 SQL 语法有所不同。

【例 6-9】　打开视图的命令是___①___,在打开视图之前必须首先打开包含该视图的___②___。

答案：① USE＜视图名＞　② 数据库

【解析】　视图的打开、关闭命令和表一样,在打开视图之前必须用 OPEN DATABASE 命令打开数据库,在创建视图时也是一样,这一点在编程时要尤其注意。

【例 6-10】　假设在视图设计器中已经设置了可更新字段,则能否通过更新视图来更新基表取决于是否在"更新条件"选顶卡中选择了_____。

答案：发送 SQL 更新

【解析】　用视图更新基表在视图设计器的"更新条件"选项卡中设置,能否将更新结果体现在基表中,选中"发送 SQL 更新"是必要条件。

【例 6-11】　查询设计器本质上是 SELECT-SQL 命令的可视化设计方法,能够实现所有的 SQL 查询语句。这句话是_____的。

答案：错误

【解析】　查询设计器本质上是 SELECT-SQL 命令的可视化设计方法的说法是成立的,但查询设计器不能实现所有的查询语句,例如：子查询。

【例 6-12】　查询的数据源可以是___①___和___②___。

答案：① 表　② 视图

【解析】　查询和视图的数据源都可以是自由表、数据库表和视图,但查询自身不能作为数据源。

6.3　上　机　操　作

实验　查询和视图

【实验目的】

- 掌握查询设计器建立各种查询的方法。
- 掌握视图设计器建立视图的方法。

【实验准备】

1. 复习 SELECT SQL 查询语句的用法。
2. 预习实验内容并填空。
3. 启动 VFP 6.0 系统。
4. 设置默认工作目录。

【实验内容和步骤】

在使用查询设计器或者视图设计器之前,首先要分析并明确查询或视图中要输出哪些字段,这些字段涉及哪些表,这些表之间如何连接,字段值必须满足什么样的条件,查询结果按什么排序,等等。

1. 创建查询

(1) 创建查询文件"专业平均入学成绩",查询入学成绩平均分高于 580 的专业以及分数,查询结果按平均分降序排列。

分析:输出内容:zy,AVG(rxcj);

所涉及的表:学生(xs)表;

筛选条件:无,即所有记录;

分组依据:按字段 xs.zy 分组 ;

分组筛选条件:AVG(xs.rxcj)>580;

排序依据:AVG(xs.rxcj),降序

① 打开项目 jxgl,在"项目管理器"中选择"查询",单击"新建"按钮,打开"新建查询"窗口,单击"新建查询"按钮,同时弹出"查询设计器"窗口和"添加表或视图"对话框(图 6-1)。

② 在"添加表或视图"对话框中选择表 xs,并单击"添加"按钮,把表添加到查询设计器的数据环境中(图 6-2),单击"关闭"按钮,关闭"添加表和视图"对话框。

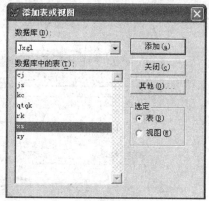

图 6-1 "添加表或视图"对话框

说明:

数据环境用来显示所选择的表或视图,可以用快捷菜单中的"添加表"或"移去表"命令向数据环境添加或移去表。如果是多表查询,可在表之间用可视化连线建立关系。

③ 在"字段选项卡"中选择字段。

首先,在"可用字段"列表框中选择 xs.zy,单击"添加"按钮,将该字段添加到"选定字段"列表框中;然后在"函数和表达式"文本框中,输入:AVG(XS.rxcj) AS 专业平均入学成绩,单击"添加"按钮,操作结果如图 6-3 所示。

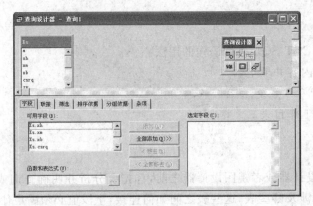

图 6-2　添加表后的"查询设计器"窗口

说明：

"字段"选项卡中的"可用字段"列表框中列出了数据环境中各数据表的所有字段，可以在其中选择查询中要输出的字段或表达式；"函数和表达式"文本框用于建立查询结果中需要的表达式，表达式可以直接输入，也可通过单击右侧的"…"按钮，打开"表达式生成器"对话框，生成表达式。

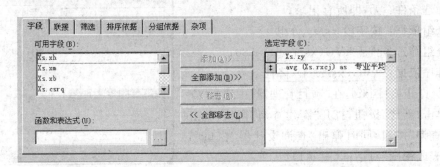

图 6-3　"字段"选项卡

④ 设置排序依据。

选择"排序依据"选项卡，把"选定字段"列表框中的"AVG(Xs.rxcj)"添加到"排序条件"列表框中；在"排序选项"选项按钮组中选中"降序"（图 6-4）。

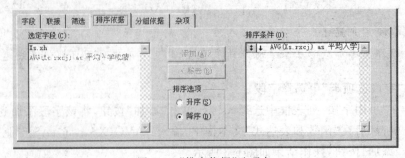

图 6-4　"排序依据"选项卡

⑤ 设置分组依据

选择"分组依据"选项卡，把"可用字段"列表框中的"xs.zy"添加到"分组字段"列表框中（图 6-5）；单击"满足条件"按钮，打开"满足条件"对话框，设置条件为 AVG(Xs.rxcj)＞580（图 6-6），单击"确定"按钮，关闭"满足条件"对话框。

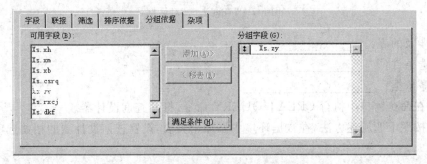

图 6-5 "分组依据"选项卡

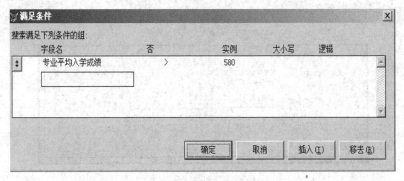

图 6-6 "满足条件"对话框

⑥ 单击查询设计器的工具栏上的"查询去向"按钮，打开"查询去向"对话框，选择系统默认的"浏览"（图 6-7），单击"确定"按钮。

⑦ 保存查询文件为"专业平均入学成绩"。

⑧ 单击"常用"工具栏上的"运行"按钮或执行"查询"→"运行查询"菜单命令运行查询，得到查询结果。

⑨ 单击查询设计器的工具栏上的"SQL"按钮，查看生成的 SELECT-SQL 语句。

(2) 创建查询文件"a类专业"，列出专业类别为 A 的前两个专业的专业名称和研究方向，按专业名称降序排列。

① 分析题目，填写下表。

分析：输出内容：＿＿＿＿＿＿＿＿＿＿；

图 6-7 "查询去向"对话框

所涉及的表: _____ ;

筛选条件: _____ ;

排序依据: _____ 。

② 在命令窗口中执行 CREAT QUERY 命令,打开查询设计器。

③ 按照上题所述方法,在数据环境中添加相关表,设置查询设计器的相关选项卡。

提示:

"杂项"选项卡的设置如图 6-8 所示,先用鼠标单击"全部"复选框,使其处于"未选中"状态,设置"记录个数"为 2。

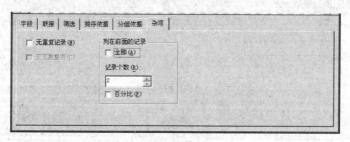

图 6-8 "杂项"选项卡

④ 保存文件为"a 类专业"。

⑤ 在命令窗口中执行命令: DO a 类专业. qpr。

⑥ 单击查询设计器工具栏上的"SQL"按钮,查看并记录生成的 SELECT-SQL 语句。

⑦ 在项目管理器中将查询"a 类专业"添加到项目 jxgl 中。

(3) 创建查询文件"成绩表",查询学生的学号、姓名、课程名、考试成绩,按学号升序排序,查询结果输出到浏览窗口。

① 分析题目,填写下表。

分析: 输出字段名: xs. xh,xs. xm,kc. kcm,cj. cj;

所涉及的表: xs,kc,cj;

表之间的连接条件: _____ ;

排序依据: ____ 。

② 在项目管理器中新建查询,打开查询设计器。

③ 在数据环境中依次添加表 xs、表 cj 和表 kc。

④ 在"字段"选项卡中选择字段 xs. xh、xs. xm、kc. kcm、cj. cj。

⑤ 设置"连接"选项卡。

说明:

　　由于上述 3 张表在数据库中已经建立永久关系,所以连接选项卡已经按照已有关系自动完成设置,如图 6-9 所示。

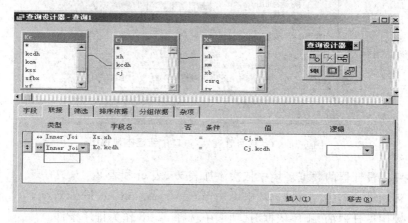

图 6-9　"连接"选项卡

⑥ 运行并保存查询文件为"成绩表"。

(4) 在项目 jxgl 中创建查询文件:课程成绩. QPR,要求查询选修 02 号课程而且成绩>70 的学生的学号和姓名,并将结果输出到表 temp 中。

至此,如图 6-10 所示,项目 jxgl 中共有 4 个查询文件。

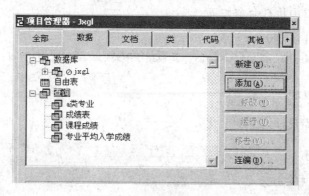

图 6-10　"项目管理器"窗口

2. 创建本地视图

(1) 在视图设计器中创建视图 VIEW1,要求视图中包含学生的学号、姓名、课程名和成绩等信息。

① 在"项目管理器"窗口中,选择"数据"选项卡,展开数据库 jxgl,选中"本地视图",单击"新建"按钮,打开"新建本地视图"窗口,单击"新建视图"按钮(图 6-11),打开视图设计器。

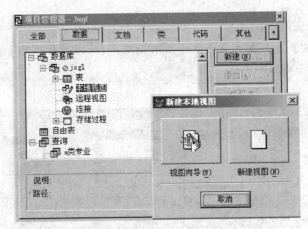

图 6-11　在"项目管理器"窗口中新建本地视图

② 在视图设计器的数据环境中依次添加表 xs、表 cj 和表 kc。

③ 在视图设计器的"字段"选项卡中选择 cj. xh、xs. xm、kc. kcm、cj. cj。

④ 在视图设计器的"排序依据"选项卡中选择 cj. xh 作为排序条件。

⑤ 单击工具栏上的"保存"按钮,在弹出的"保存视图"对话框中输入文件名:VIEW1。

⑥ 单击工具栏上的"运行"按钮,运行视图。

(2) 用命令创建本地视图 VIEW2,要求能浏览每个学生各门功课的平均成绩,并按平均成绩降序排列。

① 在命令窗口中执行命令如下:

```
CREATE SQL VIEW VIEW2 AS;
    SELECT xs. xh,xm,AVG(cj) AS 平均成绩 FROM xs INNER JOIN cj ON xs. xh=cj. xh;
    GROUP BY xs. xh;
    ORDER BY 3
```

② 观察数据库设计器中的变化。

提示:
　　创建视图前要先打开数据库。

3. 使用视图更新成绩(cj)表

(1) 在视图设计器中建立可更新的本地视图

① 在数据库设计器中选择视图 VIEW1,在快捷菜单中单击"修改"按钮,打开

VIEW1 的视图设计器。

② 在视图设计器的"更新条件"选项卡的"表"下拉列表框中选择可更新的表——成绩(cj)表;在"字段名"列表框中,单击 xh 字段左边的"钥匙"开关列设置关键字段 xh,单击 cj 字段左边的"笔"开关列设置可以更新的字段 cj;最后选中"发送 SQL 更新"复选框,设置表为可更新,如图 6-12 所示。

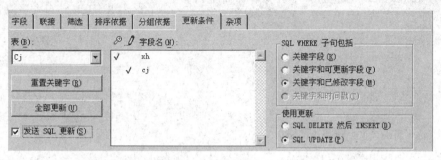

图 6-12 视图设计器的"更新条件"选项卡

③ 保存并运行视图。

④ 在 VIEW1 浏览窗口中修改学生的学号和成绩字段。

⑤ 关闭视图。

⑥ 重新打开成绩(cj)表,查看记录更新情况。

提示:

如果视图中的某个字段没有被设置为"可更新",修改的结果不会影响基本表中的记录。如果没有选中"发送 SQL 更新",视图中所做的修改也不会影响基本表中的记录。

(2) 使用 SQL 命令更新成绩表

① 在命令窗口中执行如下命令:

UPDATE VIEW1 SET cj＝cj＋5 WHERE xh＝"0106102"

② 观察修改结果。

4. 视图的打开、关闭和删除

(1) 打开视图并浏览
在命令窗口中执行命令:

USE VIEW2
BROWSE

(2) 关闭视图
在命令窗口中执行命令:

```
SELECT VIEW2
USE
```

试一试:
　　① 在数据库设计器中或者项目管理器中打开视图。
　　② 在"数据工作期"窗口中打开和关闭视图。

第 7 章　结构化程序设计

本章基本要求：

1. 理论知识

- 掌握程序设计中常用的基本输入、输出命令。
- 掌握程序的基本结构。
- 掌握过程与用户自定义函数。
- 理解程序设计中变量的生命周期以及作用域。

2. 上机操作

- 程序文件的编辑和执行。
- 程序调试。

7.1　知　识　要　点

7.1.1　基本输入输出命令

VFP 中有以下一些常用的输入输出命令。

1. 基本输出命令"? | ??"

语法：? |?? <exp1>[,<exp2>…]
功能：在系统主窗口输出一个或多个表达式的值。

> **提示：**
> 要注意"?"和"??"的区别，"?"命令在下一行显示输出，"??"则在同一行显示。

2. 基本输入命令

(1) STORE 命令
语法：STORE <EXPR> TO <内存变量> | <数组表>

功能：建立内存变量，并赋值。

（2）赋值运算"＝"

语法：<内存变量>|<数组>＝<EXPR>

功能：先计算"＝"右边的值，再将其结果赋值给左边的变量。

> **提示：**
> 要注意赋值运算和比较运算的区别，赋值运算的左边肯定为一个变量，而比较运算的左边可以理解为一个表达式，当然也有可能是只有一个变量的表达式。

（3）ACCEPT 命令

语法：ACCEPT［<EXPC>］TO <内存变量>

功能：等待用户输入数据，并将输入的信息以字符串类型存入内存变量中。

（4）INPUT 命令

语法：INPUT［<EXPC>］TO <内存变量>

功能：等待用户输入数据，并存入内存变量中。

> **提示：**
> 要注意 STORE、ACCEPT 和 INPUT 的区别，ACCEPT 只能接受字符类型的数据，而 STORE 和 INPUT 命令则可接受各种类型的数据，并且 STORE 一次可以给多个变量赋值。

7.1.2　程序的基本控制结构

程序的基本结构包括：顺序、分支（选择）和循环。

> **提示：**
> 实际上，这三种基本结构是从现实世界中抽象而来。在日常生活中，有些事情是具有顺序性的，有些是需要做出选择的，有些则是具有周期性的。总之，所要完成的任何事情，都可以利用这三种基本结构表示。

1. 顺序结构

顺序结构由一系列语句组成，程序运行时按顺序执行。

【例 7-1】　有以下程序段，执行并且分析其结果。

```
XM=10
USE XS                && XS 表的一个字段名为 XM
  ? XM                && 和当前记录对应字段的值进行比较
  ? XM,M->XM          && 分析输出结果
```

2. 分支（选择）结构

分支结构根据判断条件的真假，分别执行不同的操作。

① IF…ELSE…ENDIF

语法：IF <EXPL>
　　　　<语句组 1>
　　　[ELSE
　　　　<语句组 2>]
　　　ENDIF

【例 7-2】　用分支结构描述分段函数。

$$Y = \begin{cases} 1, & X > 0 \\ 0, & X = 0 \\ -1, & X < 0 \end{cases}$$

程序段 1　　　　　　　　程序段 2

```
INPUT "请输入 X 的值" TO X     INPUT "请输入 X 的值" TO X
IF X>0                        IF X>0
   Y=1                           Y=1
ELSE                          ENDIF
   IF X=0                     IF X=0
    Y=0                          Y=0
   ELSE                       ENDIF
    Y=-1                      IF X<0
   ENDIF                        Y=-1
ENDIF                         ENDIF
? Y                          ? Y
```

以上两个程序段都是正确的，但编程的原则是可读性要好，执行效率要高。程序段 1 和 2 的可读性都差不多，但程序段 1 的执行效率要高。

② DO CASE…[OTHERWISE]…ENDCASE

该结构称为多分支结构,它的作用和 IF 结构相当。但是当分支条件较多时,它比 IF 语句简洁、高效。

例如前面的例 7-2,也可以用 DO CASE 实现,其代码如下:

```
INPUT "请输入 X 的值" TO X
DO CASE
CASE X>0
    Y=1
CASE X=0
    Y=0
OTHERWISE
    Y=-1
ENDCASE
?"Y=",Y
```

3. 循环结构

循环结构用于反复执行控制部分的语句。

VFP 中提供了以下三种循环语句:

① SCAN…ENDSCAN。

② FOR…ENDFOR。

③ DO WHILE…ENDDO。

提示:

• 通常如要对表中的记录进行循环操作,用 SCAN 语句比较简捷,它会自动移动记录指针。

• 在循环结构的程序中,有三个关键之处要倍加关注。一是循环条件;二是循环体部分和控制循环的变量;三是程序中必须有改变循环控制变量值的语句,使程序运行到一定程度能够结束循环,也就避免了死循环。以上三个关键之处,也常常是许多考试的考点。

• 如要用 FOR 语句,通常循环次数是已知的。循环次数 $=\left|\dfrac{\text{终值}-\text{初值}}{\text{步长}}\right|+1$ 的整数部分。

【**例 7-3**】 编写程序求 1~100 之间的偶数之和。

程序代码如下:

```
STORE 0 TO N,S
DO WHILE N<=100          && 循环条件
    S=S+N               && 这里 S 为累加器
    N=N+2               && N 为循环控制变量
ENDDO
?"S=",S
```

【例 7-4】 阅读下列程序段并写出结果。

```
CLEAR
X=3
DO WHILE X<=8
   Y=2
      DO WHILE Y<4
      ?? X*Y
      Y=Y+1
   ENDDO
   X=X+2
ENDDO
```

以上程序段是两层循环结构的嵌套,循环嵌套结构总的循环次数为内层循环次数和外层循环次数的乘积。

特别要注意的是循环语句执行的顺序:

① 从外层循环开始执行首次循环。

② 进入内层循环,并且按内层循环条件将循环全部执行完毕。

③ 结束内层循环,回到外层将本次外层循环执行完毕。

④ 外层第二次循环。

⑤ 再次进入内层循环,并且按内层循环条件将循环全部执行完毕。

⑥ 结束内层循环,回到外层将本次外层循环执行完毕。

⑦ 余下依此类推,直至内外循环全部执行完毕。

在本程序段中,所涉及的变量值变化较复杂,单靠大脑思考难以得出正确的结果。建议按照表 7-1 的方式进行分析,得出最终结果。

表 7-1　变量列表

外层循环次数	内层循环次数	X	Y	X*Y
1	1	3	2	6
	2	3	3	9
2	1	5	2	10
	2	5	3	15
3	1	7	2	14
	2	7	3	21

由以上表格的分析,不难得出程序最后的结果为:

6　9　10　15　14　21

7.1.3　过程与用户自定义函数

1. 过程

语法格式:

```
PROCEDURE <过程名>
  [PARAMETERS <参数表>]
<语句组>
ENDPROC
```

过程的调用语法格式：DO <过程名> [WITH <参数1,参数2…>]

2. 函数

语法格式：

```
FUNCTION <函数名>
  [PARAMETERS<参数表>]
    <语句组>
  [RETURN <EXPR>]
ENDFUNC
```

提示：

- 过程和函数的功能相当，但函数通常会有函数值返回。
- 注意过程或函数的调用、主调程序及调用点，过程或函数执行结束后应该返回到主调程序，并且从调用点向下继续执行。
- 在过程或函数调用时应该遵循形参和实参一一对应的规范。

函数的调用和调用系统函数一样，函数可以作为表达式的成员，即便是函数没有参数，一对圆括号也不能省略。

3. 变量作用域

任何一个变量都有生命期和作用域，生命期是指时间上的，而作用域则是空间上的。当因程序执行而创建变量到程序运行结束释放变量，这段期限就是变量的生命期。变量在某个程序段或子程序内有效的范围，就称为变量的作用域。

从变量的作用范围大小来分，有局部变量、全程变量(或全局变量)和私有变量。它们的定义方式和作用范围，如表 7-2 所示。

表 7-2　变量作用域表

变量类型	定义方式	作用范围
全程变量	PUBLIC<变量名>	当前程序及其所有子程序中
局部变量	LOCAL<变量名>	只在当前定义的程序中
私有变量	PRIV<变量名>(PRIV 可缺省)	本程序及其下属子程序中

提示：

程序在运行时，如有不同的变量同名时要注意分清。当然，规范的程序应该避免同名现象，以免造成意想不到的错误。

7.2 经典例题

7.2.1 选择题

【例 7-1】 在 Visual FoxPro 中,如果希望一个内存变量只限于在本过程中使用,说明这种内存变量的命令是_____。

A) PRIVATE

B) PUBLIC

C) LOCAL

D) 在程序中直接使用的内存变量(不通过 A、B、C 说明)

答案:C

【解析】 由局部变量的作用域,可知 C 为正确答案。

【例 7-2】 在 DO WHILE … ENDDO 循环结构中,LOOP 命令的作用是_____。

A) 退出过程,返回程序开始处

B) 转移到 DO WHILE 语句行,开始下一个判断和循环

C) 终止循环,将控制转移到本循环结构 ENDDO 后面的第一条语句继续执行

D) 终止程序执行

答案:B

【解析】 LOOP 的作用是结束本次循环,从下一次循环继续开始执行。请注意和 EXIT 的区别,EXIT 的作用是结束该循环。

【例 7-3】 关于 Visual FoxPro 的变量,下面说法中正确的是_____。

A) 使用一个简单变量之前要先声明或定义

B) 数组中各数组元素的数据类型可以不同

C) 定义数组以后,系统为数组的每个数组元素赋以数值 0

D) 数组元素的下标下限是 0

答案:B

【解析】 一般来说,在许多程序设计语言中,数组成员的类型应该一致。但在 VFP 中,定义数组时并没有事先说明其类型,在语法上是允许将不同类型的数据赋值给数组成员。

【例 7-4】 有如下程序段,其执行结果是_____。

```
INPUT TO X
IF MOD(X,2)=0
    L=.T.
ENDIF
    L=.F.
? L
```

A) .T.   B) .F.   C) 不确定   D) 由键盘输入的值而定

答案:B

【解析】 不管键盘输入的值如何,执行语句 L＝.F.后,变量 L 原先的值均被覆盖。

【例 7-5】 下列说法中正确的是_____。

A) 若函数不带参数,则调用时函数名后面的圆括号可以省略

B) 函数若有多个参数,则各个参数间应用空格隔开

C) 调用函数时,参数的类型、个数和顺序不一定要一致

D) 调用函数时,函数名后的圆括号不论有无参数都不能省略

答案：D

【解析】 和使用系统函数 DATE( )一样,调用函数时,尽管没有参数但圆括号不能省略。

7.2.2 填充题

【例 7-6】 在 DO WHILE 语句中,若循环条件设置为.T.,则在循环内的语句中要设置_____从而防止死循环。

答案：EXIT

【解析】 作为程序是不能够出现死循环的,在循环条件为.T.的情况下,只有通过 EXIT 语句结束循环的运行。

【例 7-7】 在 Visual FoxPro 中说明数组后,数组的每个元素在未赋值之前的默认值是_____。

答案：.F.

【解析】 在 VFP 中变量如果定义后没有赋值,一律默认为逻辑假,对数组也是如此。

【例 7-8】 在命令窗口赋值的变量默认的作用域是_____。

答案：全局变量

【解析】 打开 VFP 6.0,在命令窗口中输入 A＝12 并且用 DISPLAY MEMORY 命令查看,会发现显示的变量信息中变量 A 后面为 PUB,表示其为全局变量。

【例 7-9】 以下程序为求 10! 的值,请在空白处填空。

```
I＝1
N＝1
DO WHILE   (1)
N＝N∗I
I＝  (2)
ENDDO
? N
```

答案：(1) I＜＝10 (2) I+1

【解析】 (1)处应该填写循环条件表达式,(2)处填写能够改变循环控制变量 I 的表达式,这里 I 另外还可以作为求阶乘之用。

【例 7-10】 下列程序是用来求长方形的面积,请将它填写完整。

```
A＝4
B＝6
```

```
    S=AREA(A,B)
    ? S
FUNCTION AREA
    (1)
    C=D*E
RETURN   (2)
```

答案：(1) PAREMETER D,E   (2) C

【解析】 根据函数定义的语法格式,可知(1)处应该填函数的参数,(2)处填上面积的返回值。

7.3 上机操作

实验 7.1 结构化程序设计(一)

【实验目的】

- 掌握建立、修改和运行程序文件的方法。
- 学会调试结构化程序。
- 掌握顺序结构和分支结构的程序设计方法。

【实验准备】

1. 复习程序文件的建立、运行和修改的方法。
2. 预习实验内容,写出有关命令和程序。

【实验内容和步骤】

1. 程序的建立、运行和调试

(1) 建立程序文件

建立程序文件通常有四种方法:

- 选择"文件"→"新建"菜单命令,在出现的"新建对话框"中,选择"程序"单选按钮,然后单击"新建文件"按钮,出现程序文件编辑窗口。
- 在命令窗口中输入命令 MODIFY COMMAND,执行该命令后同样会出现程序文件编辑窗口。
- 利用文本处理软件编辑扩展名为.prg 的文本文件(例如记事本、写字板等)。
- 利用项目管理器。

其中,使用项目管理器可以有利于各类文件的管理。具体步骤如下:

① 打开项目 jxgl。
② 在项目管理器中,切换到"代码"选项卡,选中"程序",如图 7-1 所示。
③ 单击"新建"按钮,打开程序编辑窗口。
④ 在程序文件编辑窗口中输入以下程序段:

图 7-1 "项目管理器"窗口

```
clear
pi=3.14
input"请输入半径："to r
l=2*pi*r
s=pi*r*r
?"圆的周长为：",l
?"圆的面积为：",s
```

⑤ 单击"保存"按钮，或选择"文件"→"保存"菜单命令，弹出"另存为"对话框，选择保存路径，并输入文件名"P1"。

⑥ 关闭编辑窗口。

（2）运行程序文件"P1.PRG"

① 在项目管理器中，打开"代码"选项卡，展开组件"程序"，如图 7-2 所示。

② 选中要运行的程序文件"P1"，单击"运行"按钮，运行结果如图 7-3 所示。

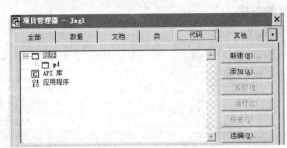

图 7-2 展开组件"程序"

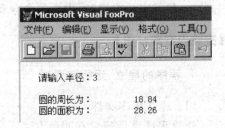

图 7-3 程序 P1 的运行结果

说明：

执行程序的方法还有多种，例如：选择"程序"→"运行"菜单命令；单击工具栏中的"运行"按钮；在命令窗口执行命令 DO P1；还可以在"程序文件"编辑窗口中单击右键，在弹出的快捷菜单中选择"执行程序 P1.prg"菜单来运行程序。

（3）修改和调试程序文件

① 在项目管理器中，选中程序"P1"。

② 单击"修改"按钮，打开程序文件 P1。

③ 修改程序的第 5 行为"s=p*r*r;"（这里专门增加一处语法错误）。

④ 保存并运行该程序。输入半径值后，系统弹出"程序错误"对话框，如图 7-4 所示。

⑤ 单击"取消"按钮,修改错误。

⑥ 保存并再次运行程序。如果仍有错误,则重复以上步骤,直到程序完全正确为止。

图 7-4 "程序错误"对话框

> 提示:
>
> ① 在"程序错误"对话框中,有"取消"、"挂起"、"忽略"和"帮助"四个按钮。如单击"挂起",会暂停程序的执行,必须执行"程序"→"取消"菜单命令才能中止程序运行;单击"取消"按钮,直接中止程序的运行;单击"忽略"按钮,将略过错误之处,继续执行下面的语句。需要注意的是,错误不一定就在光标所停留的当前行,一般可能在该位置的前后两行或附近。
>
> ② 在调试程序时,程序中的错误有两种:一是语法错误,二是逻辑错误。系统只能够找出语法错误,要消除逻辑错误需要程序员自行分析。

2. 顺序结构程序设计

(1) 完善程序并在 VFP 系统中调试运行。

以下程序段功能为显示学生表中前两条记录的学号、姓名、性别和入学成绩。

```
USE XS
?"学号     姓名     性别    入学成绩"
? XH,XM,XB,RXCJ
_____              && 移动指针到第二条记录
? _____            && 显示信息
USE
```

① 完善程序。

② 建立程序文件,输入程序代码并调试运行。

(2) 编写程序,分别统计学生表中男生及女生的总人数。并分别计算男、女生的入学平均成绩。

> 提示:
>
> 统计人数可用记数命令 COUNT,计算平均成绩用 AVERAGE。

3. 分支结构程序设计

(1) 完善程序并在 VFP 系统中调试运行

① 完善下述程序段,计算分段函数的值。

$$Y = \begin{cases} 2X, & X < 2 \\ 3X - 1, & 2 \leqslant X < 5 \\ 3X - 10, & X \geqslant 5 \end{cases}$$

```
CLEAR
    INPUT "请输入 X 的值:" TO X
    IF X<2
      Y=2*X
    ELSE
      IF _____
          Y=3*X-1
      ELSE
          _____
      ENDIF
    ENDIF
? "函数值 Y=", Y
```

② 下述程序段的功能是,在成绩(cj)表中查找学号为"0206101"且课程代号为"03"的记录,并给出成绩等级(等级按优(90~100)、良(80~89)、中(70~79)、及格(60~69)、不及格(60 分以下)划分)。

```
SET TALK OFF
USE cj
LOCATE FOR XH="0206101" .AND. KCDH="03"
DO CASE
    CASE CJ>=90
        CDD="优"
    CASE _____
        CDD="良"
    CASE CJ>=70
        _____
    CASE CJ>=60
        CDD="及格"
    OTHERWISE
        CDD="不及格"
ENDCASE
? "该同学的等级为:",CDD
USE
```

(2) 编程题

① 用 IF 语句编写程序求下列分段函数的值(X 的值从键盘输入)。

$$Y = \begin{cases} X^2 - 1, & X < 0 \\ X^2, & X = 0 \\ X^2 + 1, & X > 0 \end{cases}$$

② 用 DO CASE 语句编写程序计算工资税。

征收工资(GZ)税为分段制,从超过 2000 元的部分开始征收,征收的税率如下:

2000＜GZ＜=3000	1％
3000＜GZ＜=4000	2％
4000＜GZ＜=5000	3％
5000＜GZ＜=10000	4％
10000＜GZ	5％

实验 7.2　结构化程序设计(二)

【实验目的】

- 进一步掌握程序文件的建立、修改和调试。
- 掌握三种循环结构的程序设计方法。

【实验准备】

1. 复习三种循环结构的语法格式。
2. 预习实验内容,写出有关命令和程序。

【实验内容和步骤】

1. 完善程序并在 VFP 系统中调试运行

① 以下程序段的功能是求 1～100 之间的奇数之和。

```
S=0
I=1
  DO WHILE .T.    && 注意这里循环条件为真
    IF I>100

      _____
    ELSE
      S=S+I
    ENDIF
    I=_____
  ENDDO
  ? "S-",S
```

② 求 1! −2! +3! −4! +…−10! 的值。

```
STORE 1 TO M,N
S=0                    && 循环条件的初始化
```

```
FOR I=1 TO _____ STEP 1
    N=N*I          &&循环体部分
    S=S+M*N
    M=-M
    _____
?"S=",S
```

③ 以下程序分别使用了 DO WHILE 语句和 SCAN 语句,实现显示学生表中男同学信息的功能。完善程序并分析比较两个程序段。

【程序段 1】

```
CLEAR
USE XS
DO WHILE .NOT. EOF()      &&EOF()判断记录指针是否到结尾
    IF XB="男"
        ? XH,XM,XB
    ENDIF
    _____
ENDDO
```

【程序段 2】

```
CLEAR
USE XS
SCAN
    IF XB="男"
        _____        && 显示学生信息
    ENDIF
ENDSCAN
```

2. 程序改错

以下程序段的功能是求数列 1,1,2,3,5,8,13……(通项公式为 $a_n=a_{n-1}+a_{n-2}$)的前 20 项所有奇数和,并且输出该结果。

要求在修改程序时,不允许修改程序的总体框架和算法,不许增删语句数目。

```
STORE 1 TO A,B
S=0
FOR I=3 TO 20
    C=A+B
    IF C MOD 2 =1
        S=S+C
    ENDIF
    A=B
    B=C
NEXT I
```

?"和为:"+S

3. 编程题

① 编写程序,从键盘输入一个整数并判断是否为素数。素数是一个大于等于 2 的整数,并且只能被 1 和本身整除。

② 编写程序实现字符串的逆序存放。

③ 编写程序判断字符串是否为"回文"。

实验 7.3 结构化程序设计综合练习

【实验目的】

- 掌握函数与过程的定义与调用。
- 掌握变量的作用域。
- 综合运用所学知识解决实际问题。

【实验准备】

1. 复习有关函数和过程的知识点。

2. 预习实验内容,写出有关命令和程序。

【实验内容和步骤】

1. 完善程序并在 VFP 系统中调试运行

① 已知三角形的三条边,求该三角形的面积。

> 提示:
> 首先要检查输入的三条边是否能构成三角形,此外求三角形面积使用海伦公式:
> $$\sqrt{L(L-a)(L-b)(L-c)} \quad (L=(a+b+c)/2)。$$

```
CLEAR
INPUT "请输入第一条边:" TO A
INPUT "请输入第二条边:" TO B
INPUT "请输入第三条边:" TO C
DO _____                &&. 调用过程检查是否构成三角形
S=0                             &&.S 用于存放面积,为私有变量在其子程序中也可见
DO AREA _____          &&. 调用过程计算三角形的面积
?"三角形面积=",S
PROCEDURE CHECK
 IF(A+B>C .AND. ABS(A−B)<C)     &&. 同上的变量 A、B、C
    RETURN                      &&. 返回原调用点,请和后面的 CANCEL 比较其不同点
 ELSE
   WAIT "该三边不能构成三角形!"
```

```
      CANCEL                    && 由于不能构成三角形,直接退出程序的运行
    ENDIF
  ENDPROC
  PROCEDURE AREA
    _____                    && 定义过程中的参数
    L=(X+Y+Z)/2
    S=SQRT(L*(L-X)*(L-Y)*(L-Z))     && S 为前面所定义的变量
    RETURN
  ENDPROC
```

试一试:

本题使用了过程,请将其改成函数,并思考有什么区别。

② 阅读以下程序,其输出结果是_____,并分析其原因。

```
SET TALK OFF
X1=100
X2=58
DO SUB
? X1,X2
RETURN
PROCEDURE SUB
   PRIVATE X1
   X1=110
   X2=60
   ? X1,X2
   RETURN
ENDPROC
```

2. 程序改错

以下程序段的功能是找出 1000 之内所有的完数,并统计它们的个数。完数是指:整数的各因子之和正好等于该数本身(例如 6=1+2+3,而 1、2、3 为 6 的因子)。

要求在修改程序时,不允许修改程序的总体框架和算法,不许增删语句数目。

```
 CLEAR
NCOUNT=0
FOR N1=1 TO 1000
  M=0
  FOR N2=1 TO N1-1
   IF N1/N2=MOD(N1,N2)
     M=M+N2
   ENDIF
   ENDIF
  IF N1=M
```

```
        ? N1
        NCOUNT＝NCOUNT＋1
    ENDIF
ENDFOR
WAIT WINDOWS "完数的个数为"＋STR(NCOUNT)
```

3. 编程题

① 编写程序计算组合 $C_m^n = \dfrac{m!}{n!\ (m-n)!}$ 的值，m 及 n 的值从键盘输入，最终结果按下面的格式输出：

```
******************************
        C＝
******************************
```

要求编写两个过程或函数供主程序调用，一个用于求 P!，另一个用于按照格式打印输出。

② 求 100 以内的素数。

本题要求将前面判断素数的程序改成函数，在本题的主程序中调用该函数并输出所有素数。

③ 根据学生表、成绩表和课程表编写一程序，实现按学号查找学生成绩信息。如存在则显示成绩信息(课程名、成绩和学分)，并将显示结果保存到表 test 中，然后再统计该生的考试平均成绩和所修总学分。如不存在显示相应提示信息。

要求用循环结构，能够循环输入学生的学号直到用户从键盘输入"N"为止。

CHAPTER 8

第8章 面向对象程序设计

本章基本要求：

1. 理论知识

- 掌握面向对象程序设计的概念。
- 掌握类、对象、属性、事件及方法的概念。
- 初步掌握类的封装性、继承性与多态性的特点。
- 能够识别 VFP 中的容器类控件，掌握基类控件的最小事件集和属性集。

2. 上机操作

- 掌握使用"类设计器"创建类的方法。
- 初步掌握类的使用方法。

8.1 知识要点

8.1.1 面向对象的方法

1. 面向对象方法的本质

面向对象方法的本质就是主张从客观世界固有的事务出发来构造系统，提倡用人类在现实生活中常用的思维方法来认识、理解和描述客观事物，强调最终建立的系统能够映射问题域，从而系统中的对象以及对象之间的关系能够如实地反映问题域中固有事务及其关系。

2. 面向对象程序设计

面向对象程序设计就是将在现实世界中可能存在的对象，构造出相应的数据模型，展示对象间的相互关系，并编写相应程序。

8.1.2 面向对象的概念

1. 对象

面向对象方法学中的对象是由描述该对象属性的数据以及可以对这些数据施加的所

有操作封装在一起的统一体。

2. 类和实例

类是具有共同属性、共同方法的对象的集合，所以，类是对象的抽象，它描述了属于该对象类型的所有对象的性质，而一个对象则是其对应类的一个实例。

8.1.3　对象的相关概念

每个对象都具有属性，以及与之相关的事件和方法，通过对象的属性、事件和方法来处理对象。

1. 属性

属性定义对象的特征或某一方面的行为。在 VFP 中创建的对象具有属性，这些属性由对象所基于的类决定，也可以为对象定义新的属性。

2. 事件

事件是可由对象识别的一个动作，用户可以编写相应的代码对此动作进行响应。通常，事件是由一个用户动作触发的，例如单击鼠标(click)，按键(keypress)等，也可以由程序代码或系统触发，如计时器的 timer 事件等。VFP 中事件集合是固定的，用户不能创建新的事件。

3. 方法

方法是对象能够执行的一个操作，它紧密地和对象连接在一起。方法也可以由用户自己创建，因此其集合是可以无限制地扩展的。

8.1.4　类的基本特征

1. 封装性

封装就是指将对象的方法和属性代码包装在一起，从而使操作对象的内部复杂性与应用程序的其他部分隔离开来。

2. 继承性

继承性表现为子类延用父类特征的能力，即一个子类可以拥有其父类的全部功能，然后在此基础上，添加属于自己的其他功能。从而，子类可以继承父类的属性、事件和方法，实现程序代码的重用；其次，派生子类从一定程度上扩充了类的属性和方法，易于进一步扩充与维护程序。

3. 多态性

多态性主要是指一些关联的类包含同名的方法程序，但方法程序的内容可以不同，具体调用哪种方法程序要在运行时根据对象的类来确定。

8.1.5　VFP 中的类

基类是 VFP 提供的基本类,它是其他用户自定义类的基础。基类的最小事件集为 init 事件、destroy 事件、error 事件。

基类又可以分为控件类和容器类。容器类可以包含其他的类。例如命令按钮组、页框、表格等;控件类可以包含在容器类中,但是它没有 AddObject 方法,即不能向该控件对象中添加其他对象,例如命令按钮、文本框、微调按钮等控件不能包含其他任何对象。

8.1.6　VFP 中的对象处理

VFP 中的对象处理包括创建对象、引用对象、设置对象属性、调用对象方法以及对事件的响应等。其中,引用对象分为绝对引用和相对引用。

在程序代码中对对象属性进行设置的一般格式为:引用对象. 属性＝值。此外,还可以利用 with…endwith 语句简化对同一对象中多个属性的设置。

8.2　经 典 例 题

8.2.1　选择题

【例 8-1】　有关类、对象、事件,下列说法中不正确的是_____。

A) 对象仅能用本身包含的代码来实现操作

B) 对象可以是任何客观事物,对象是类的特例

C) 类是一组具有相同结构、操作并遵守相同规则的对象

D) 事件是一种预先定义好的特定动作,由用户或系统激活

答案：A

【解析】　本题主要考核面向对象程序设计中类、对象、事件的基本概念。详见 8.1.3 节所述。

【例 8-2】　假定表单(frm2)上有一个文本框对象 Text1 和一个命令按钮组对象 cg1,命令按钮组 cg1 包含 cd1 和 cd2 两个命令按钮。如果要在 cd1 命令按钮的某个方法中访问文本框对象 Text1 的 Value 属性,下列表达始终正确的是_____。

A) This. ThisForm. Text1. Value

B) This. Parent. Parent. Text1. Value

C) Parent. Parent. Text1. Value

D) This. Parent. Text1. Value

答案：B

【解析】　在引用对象时,要明确对象之间相对于容器层次的关系。VFP 对象引用分为绝对引用和相对引用。绝对引用是指从容器的最高层次引用对象,给出对象的绝对地址。相对引用是指在容器层次中相对于某个容器层次的引用。在相对引用中,关键字

This 指当前对象, Parent 指当前对象的直接容器, ThisForm 指包含当前对象的表单, ThisFormSet 指包含当前对象的表单集, ActiveForm 指当前的活动表单, ActivePage 指当前活动表单中的活动页面。

【例 8-3】 当表单运行时,下列四个事件 Init、Load、Activate 和 Destroy 发生的顺序为_____。

A) Init,Load,Activate,Destroy

B) Load,Init,Activate,Destroy

C) Activate,Init,Load,Destroy

D) Destroy,Load,Init,Activate

答案：B

【解析】 表单运行时事件发生顺序一般为：①Load 事件：在表单创建之前发生。②Init 事件：创建表单时发生。③Activate 事件：当表单被激活时发生。④Destroy 事件：从内存中释放对象。⑤Unload 事件：从内存中释放表单或表单集。

VFP 基类的最小事件集为 Init 事件、Destroy 事件和 Error 事件。其中,Error 事件当类中的事件或方法程序发生错误时激活。

【例 8-4】 对于任何子类或对象,一定具有的属性是_____。

A) Caption   B) BaseClass

C) FontSize   D) ForeColor

答案：B

【解析】 对于任何子类或对象,标识其父对象的属性是 BaseClass。

【例 8-5】 设 cmd 是一个用户创建的命令按钮子类,并设置了 Click 事件代码。在某表单中基于 cmd 类创建了一个命令按钮,则在该命令按钮的 Click 事件代码编辑窗口中,_____。

A) cmd 类的 Click 事件代码可视,但不能被修改

B) cmd 类的 Click 事件代码可视,但能被修改

C) cmd 类的 Click 事件代码不可视,且运行表单并单击按钮时该 Click 事件代码不被执行

D) cmd 类的 Click 事件代码不可视,且运行表单并单击按钮时该 Click 事件代码被执行

答案：D

【解析】 面向对象程序设计中,类在实例化后,其相关的事件代码不可视,但表单运行时其事件将被执行。

8.2.2 填充题

【例 8-6】 OOP 中文含义为_____。

答案：面向对象程序设计

【解析】 面向对象程序设计(Object Oriented Programming,OOP)就是将在现实世

界中可能存在的对象,构造出相应的数据模型,展示对象间的相互关系,并编写相应程序。

【例 8-7】 采用面向对象的程序设计方法设计的应用程序,其功能的实现是由_____驱动的。

答案:事件

【解析】 每个对象都具有属性,以及与之相关的事件和方法,通过对象的属性、事件和方法来处理对象。事件是可由对象识别的一个动作,用户可以编写相应的代码对此动作进行响应。采用面向对象的程序设计方法设计的应用程序,其功能的实现是由事件驱动的。

【例 8-8】 子类或对象具有延用父类的属性、事件和方法的能力,称为类的_____。

答案:继承性

【解析】 类的基本特征有封装性、继承性和多态性。其中,继承性表现为子类延用父类特征的能力,即一个子类可以拥有其父类的全部功能,然后在此基础上,添加属于自己的其他功能。从而,子类可以继承父类的属性、事件和方法,实现程序代码的重用。

【例 8-9】 基类的最小事件集包括_____事件、Destroy 事件和 Error 事件。

答案:Init

【解析】 VFP 中基类的最小事件集为 Init 事件、Destroy 事件和 Error 事件。其中,Error 事件是当类中的事件或方法程序发生错误时被激活;Destroy 事件是从内存中释放对象时引发;创建表单时将引发 Init 事件,其发生于 Load 事件之后。

8.3 上 机 操 作

实验 类的创建和使用

【实验目的】

- 掌握“类设计器”创建类的方法。
- 掌握类的使用方法。

【实验准备】

1. 复习所学过的面向对象程序设计知识和类的创建及使用方法。
2. 准备好实验所需的项目、数据库和表文件。
3. 启动 Visual FoxPro 6.0 系统,并设置默认工作目录。

【实验内容和步骤】

1. 建立“记录导航”命令按钮组类

(1) 启动“类设计器”

打开项目文件 jxgl,选择“类”选项卡,单击“新建”,弹出“新建类”对话框,如图 8-1 所示。在“类名”中输入:My_RecordMove;在“派生于”中选择 CommandGroup;并存储于

A:\教学管理\JX. VCX;单击"确定"按钮,系统打开"类设计器"。

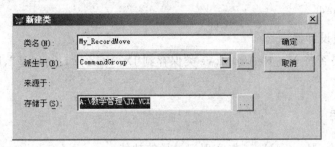

图 8-1 "新建类"对话框

（2）设置控件属性

如图 8-2 所示,首先在"属性"窗口中找到 ButtonCount 属性并设置为 4,然后使用键盘方向键分别移动各个按钮,使之水平方向排列,最后参照图 8-3,为每个按钮设置相应的 Caption 属性和 Picture 属性。

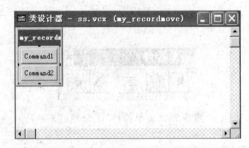

图 8-2 类设计器界面(1)

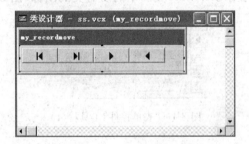

图 8-3 类设计器界面(2)

（3）编写事件代码

在 My_RecordMove 的 Click 事件代码编辑窗口中输入如下代码:

```
sel=This. Value
do case
case sel=1
    go top
case sel=2
    if ! bof()
        skip -1
    endif
case sel=3
    if ! eof()
        skip
    endif
case sel=4
    go bottom
```

endcase

thisform. refresh

（4）关闭类设计器

系统询问是否将 My_RecordMove 类保存到 JX. VCX 库，选择"是"，即可完成新类的创建。

2. 类的使用

（1）使用 My_RecordMove 类实现记录导航功能

① 新建表单 VCX_XS。

② 将表 xs 加入数据环境，拖动部分字段进入表单。

③ 选中表单控件工具栏"查看类"按钮，在快捷菜单中选择"添加"（图 8-4），在弹出的窗口中选择 A：\教学管理\目录下的 JX. VCX 文件，单击"打开"，则在表单控件工具栏中显示 JX. VCX 类库中的所有类的图标（图 8-5）。

图 8-4 "表单控件"工具栏(1)

图 8-5 "表单控件"工具栏(2)

④ 选择 MY_RecordMove 图标，在表单上单击，在表单上添了一个 My_RecordMove 类的对象，如图 8-6 所示。

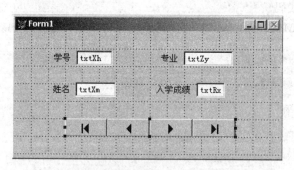

图 8-6 表单 VCX_XS 的设计界面

⑤ 文件保存为 A：\教学管理\VCX_XS. SCX，运行表单，单击记录导航按钮，观察变化。

（2）修改表单 VCX_XS，并把设计结果保存到类库文件中

① 打开表单 VCX_XS，保留 My_RecordMove 类的对象，删除其余对象。

② 参照表 8-1，设置表单的相关属性。

表 8-1　表单的相关属性设置

对象名	属性名	属性值	对象名	属性名	属性值
Form1	Caption	记录导航	Form1	Width	300
Form1	BackColor	255,255,128	Form1	Height	200

③ 选择"文件"→"另存为类"菜单项,将表单文件保存为类库文件 myclasslib. vcx。如图 8-7 所示。

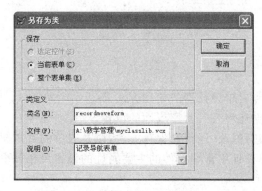

图 8-7　"另存为类"对话框

(3) 应用类库文件 myclasslib. vcxfGf

① 新建一个表单后,选择"表单"→"创建表单集"菜单命令,创建一个表单集。

② 在表单控件工具栏中,添加文件类库 myclasslib. vcx。

③ 在"属性"窗口中,选定"FormSet1"对象,在表单设计器中添加 myclasslib 类。

④ 在 myclasslib1 对象的数据环境中,添加 kc. dbf,并把相关字段拖放至该对象中。

⑤ 选择"表单"→"移除表单"菜单,将表单集中其余表单成功移除。

⑥ 保存并运行该表单,查看记录导航的效果。

第9章　表单与控件

本章基本要求：

1. 理论知识

- 掌握表单向导和表单设计器的使用方法。
- 掌握表单的数据环境及其常用属性的设置。
- 掌握表单的创建、修改、运行和保存方法，以及表单的常用属性、方法和事件。
- 掌握 VFP 表单设计中常用控件的主要属性的设置及相关事件代码的编写。

2. 上机操作

- 掌握使用"表单向导"及"表单设计器"创建表单的方法，并能够为表单设置、添加、删除相关属性和方法。
- 掌握在"表单设计器"中添加、删除、编辑及布局各类控件的方法。
- 掌握表单中相关控件的生成器的使用。
- 能够在相关事件代码中设置或使用各类控件的属性及方法。

9.1　知　识　要　点

9.1.1　创建及设计表单的一般方法

1. VFP 中表单创建的常用方法

（1）使用"表单向导"创建表单，它可以为单张表或存在一对多关系的两张表创建操作数据的表单。

（2）使用"表单设计器"创建表单或修改已有的表单。

（3）利用程序来创建表单，或者选择"表单"→"快速表单"菜单命令，从而创建一个能够通过添加控件的方法来定制的表单。

2. 表单设计一般步骤

在应用程序中，利用表单，可以让用户在熟悉的界面下查看或将数据输入数据库。总体来说，用户设计一个表单，基本上按照以下步骤进行：创建表单本身，设置表单的属性或方法；在表单中添加所需的控件对象；设计控件对象的属性；编写表单及控件对象的事件代码。

3. 表单集

表单集是表单的容器。若在实际项目开发中,需要在一个界面中使用多个表单,并有表单间的通信,可以使用表单集将多个表单组合在一起,通过表单集中新建的属性来实现信息的通信。

4. 数据环境

表单(集)的数据环境包括了与表单交互作用的表和视图,以及表单设计中需求的表之间的关系。通过数据环境可以将数据库中的表和视图与表单联系起来,从而实现对表信息的更新与维护等操作。

9.1.2 VFP 表单设计中常用控件介绍

1. 表单及各类控件的常用属性(表 9-1)

表 9-1 表单及各类控件的常用属性

属　　性	作　　用
Caption	用于指定表单或控件的标题文本
FontName,FontItalic	用于指定显示文本的字体类型及是否倾斜
Alignment	指定与控件相关联的文本的对齐方式
Height,Width	设置表单或相关控件的高度和宽度
BorderStyle	指定表单或相关控件的边框形式
InputMark	指定在相关控件中如何输入或显示数据
Format	指定相关控件 Value 属性中输入及输出格式
Value	标识当前控件的选定状态或被选定的值
ReadOnly	设置相关控件是否为只读状态
Enabled	指定相关控件能否引发用户激活的事件
ButtonCount	指定命令按钮组或选项按钮组的按钮个数
ColumnCount	指定列表框、组合框及表格中列的个数

2. 表单及各类控件的常见事件及方法(表 9-2、表 9-3)

表 9-2 表单及各类控件的常见事件

事　　件	作　　用
Click	将鼠标指针放在该对象上单击鼠标左键,该事件触发
InteractiveChange	在使用键盘或鼠标更改某控件的值时,该事件发生

事　件	作　用
keyPress	当用户按住并释放一个键时,该事件发生
Init	在创建对象时发生
Destroy	在释放一个对象的实例时发生
LostFocus	当某个对象失去焦点时,该事件发生
When	在当前控件接受焦点事件之前发生,其先于 GotFocus 事件
Valid	在当前控件失去焦点之前发生,其先于 LostFocus 事件
Error	当某个方法运行出错时此事件发生

表 9-3　表单及各类控件的常用方法

方　法	作　用
Refresh	刷新表单和控件对象的值
Additem	在组合框或列表框中添加一个新的数据项,且可以指定该数据项索引
Show	显示一个表单,并且可以确定是模式表单还是无模式表单
Hide	隐藏表单、表单集或工具栏
Release	实现从内存中释放表单集、表单

3. 表单控件中数据源设定的相关属性(表 9-4)

表 9-4　表单控件中数据源设定的相关属性

属　性	作　用
ControlSource	指定与对象建立联系的数据源
RowSourceType	指定列表框或组合框中数据源的类型
RowSource	设置列表框或组合框中的数据源
RecordSourceType	设定表格的数据源类型
RecordSource	设置表格中显示的数据源

4. 表单设计中控件的其他重要属性及事件(表 9-5)

表 9-5　表单设计中控件的其他重要属性及事件的设置

控　件	属性或事件	作　用
标签	AutoSize	指定是否调整标签大小以显示文本
标签	WordWrap	用于确定标签上显示的文本是否换行

控 件	属性或事件	作 用
文本框	PasswordChar	可以实现文本框中的内容均用此字符显示
组合框	Style	设置该控件的样式：0－下拉组合框，2－下拉列表框
微调按钮	Increment	设置用户每次单击向上或向下按钮的数据增量
微调按钮	KeyboardHighValue	指定键盘输入数据的最大值
微调按钮	SpinnerLowValue	用户单击向下按钮时，微调按钮能显示的最小值
页和页框	PageCount	指定页框对象中所含的页的数目
页和页框	ActivePage	返回页框对象中活动页的页码
形状	Curverture	指定形状控件的角的曲率
计时器	Interval	指定计时器调用 Timer 事件的时间间隔，单位是毫秒
计时器	Timer 事件	计时器经过 Interval 属性设定的时间间隔引发该事件

9.2 经 典 例 题

9.2.1 选择题

【例 9-1】 在下列有关表单及其控件的叙述中，错误的是_____。

A）从容器层次来看，表单是最高层的容器类

B）表格控件包括列控件，而列控件本身又是一个容器类控件

C）Parent 属性可以用来引用一个控件所在的直接容器对象

D）表格控件可以添加到表单中，但不可以添加到工具栏中

答案：A

【解析】 VFP 中基类可以分为容器类和控件类。容器类可以包含其他的类；控件类中没有 AddObject 方法，即不能向该控件对象中添加其他对象。VFP 中的表单能包含任意控件或自定义对象，而表单集能够包含表单和工具栏等对象，因此，表单不能作为最高层的容器类。

【例 9-2】 下列控件均为容器类的是_____。

A）表单、命令按钮组、命令按钮

B）表单集、列、组合框

C）表格、列、文本框

D）页框、列、表格

答案：D

【解析】 VFP 的容器类一般包括表单集、表单、表格（可包含列控件）、表格列（可包含列标头等对象）、页框、页面、命令按钮组和选项按钮组。命令按钮、组合框、列表框或文本框等属于非容器类控件。

【例9-3】 以下叙述与表单数据环境有关,其中正确的是_____。

A) 当表单运行时,数据环境中的表处于只读状态,只能显示不能修改

B) 当表单关闭时,不能自动关闭数据环境中的表

C) 当表单运行时,自动打开数据环境中的表

D) 当表单运行时,与数据环境中的表无关

答案:C

【解析】 表单(集)的数据环境包括了与表单交互作用的表和视图,以及表单设计中要求的表之间的关系。通过数据环境就可以将数据库中的表和视图与表单联系起来,从而实现对表信息的更新与维护等操作。在数据环境定义中包括了临时表类、关系类和数据环境类。本题中,当表单运行时,自动打开数据环境中的表或视图,同时也会随着表单的关闭而自动关闭。数据环境泛指定义表单、表单集或报表时使用的数据源,数据环境中能够包含表、视图和关系等。

【例9-4】 下列描述正确的是_____。

A) 对于 SetFocus 和 GotFocus 而言,SetFocus 是事件,GetFocus 是方法

B) 事件的触发可以由用户的行为产生,也可以由系统产生

C) 如果事件没有与之相关联的处理程序代码,则对象的事件不会发生

D) 用户可以为对象添加新的属性、方法和事件

答案:B

【解析】 事件是对象能够识别的一个动作,方法是对象能够执行的一组操作。事件的触发可以由用户的行为产生,也可以由系统产生。如果事件没有与之相关联的处理程序代码,则当事件发生时不会进行任何操作。在 VFP 中,不同的对象所能识别的事件虽有所不同,但事件集合是固定的,用户不能创建新的事件。方法是对象能够执行的一个操作,可以由用户自己创建。对于 SetFocus 和 GotFocus 而言,GetFocus 是事件,SetFocus 是方法。

【例9-5】 VFP 中可执行的表单文件的扩展名是_____。

A) SCT   B) SCX   C) SPR   D) SPT

答案:B

【解析】 VFP 中可执行的表单文件的扩展名是 SCX,运行表单的命令为 DO FORM <表单名>。表单中所有对象的属性设置和程序代码都保存在与表单同名的表单备注文件或 *.SCT 文件中,该文件能用文本编辑器打开。在运行表单时,为设置属性值或指定操作的默认值,有时需要将参数传递到表单。若要将参数传递到表单,则应在表单的 Init 事件代码中包含 PARAMETERS 语句。

【例9-6】 绑定型控件是指其内容与表、视图或查询中的字段或内存变量相关联的控件。当某个控件被绑到一个字段时,移动记录指针后如果字段的值发生变化,则该控件的_____属性的值也随之发生变化。

A) Control   B) Name   C) Caption   D) Vaule

答案:D

【解析】 根据控件和数据源的关系,表单中的控件可以分为两类:与表或视图等数

据源中数据绑定的控件(或称为数据绑定型控件)和非数据绑定型控件。数据绑定型控件主要有复选框、组合框、文本框、编辑框、选项按钮(组)、微调按钮、表格、列等;非数据绑定型控件有命令按钮、标签和线条等。

对于数据绑定型控件,可以通过 ControlSource 属性来设置控制源,其输入或选择的值通过 Value 属性来显示及保存在数据源中。若要绑定表格等控件,要设置 RecordSource 属性和 RecordSourceType 属性。

【例 9-7】 在表单设计中,可以通过 ControlSource 属性与数据绑定。下列对象中没有 ControlSource 属性的是_____。

  A)标签   B)复选框   C)选项按钮   D)列表框

答案:A

【解析】 详见例 9-6 解析。

【例 9-8】 若从表单的数据环境中将一个逻辑型字段拖放到表单中,则在表单中添加的控件个数和控件类型分别是_____。

  A)1,文本框   B)2,标签与文本框

  C)1,复选框   D)2,标签与复选框

答案:C

【解析】 注意逻辑型数据在表单设计中的处理方法。此外,在表单设计器中设计表单时,如果从"数据环境设计器"中将表拖放到表单中,则表单中将会增加一个表格控件,若将逻辑型字段拖放到表单中,则表单中会增加一个复选框。

【例 9-9】 在下列 VFP 控件中,不能直接添加到表单容器中的是_____。

  A)命令按钮   B)选项按钮

  C)复选框   D)计时器

答案:B

【解析】 选项按钮是不能直接添加到表单容器中的。可以通过添加选项按钮组控件,然后将 ButtonCount 属性修改为 1,来实现添加单个选项按钮的操作。

【例 9-10】 关于表格控件,下列说法中不正确的是_____。

  A)表格的数据源可以是表、视图、查询

  B)表格中的列控件不包含其他控件

  C)表格能显示一对多关系中的子表

  D)表格是一个容器对象

答案:B

【解析】 表格控件是一个按行和列显示数据的容器对象,其外观与表的浏览窗口相似,表格控件常见的用途之一是显示一对多关系中的子表。在默认的情况下,表格控件可以包含若干个列控件。

9.2.2 填充题

【例 9-11】 设某表单(frm1)上有一个文本框(Text1)和一个命令按钮(Command1)。表单运行时,单击命令按钮 Command1,则文本框 Text1 中显示该表单数据环境的 Name

属性值。由此，命令按钮 Command1 的 Click 事件程序代码中必须写入的命令为：

ThisForm. Text1. Value＝ThisForm. _____

答案：DataEnvironment. Name

【解析】 本题考查文本框的 Value 属性(该控件运行时当前显示的值)和数据环境的 Name 属性(指定在代码中用以引用该数据环境的名称)。

【例 9-12】 如果允许在文本框中输入＋12 345 678,则该文本框的 InputMask 属性值是_____。

答案：♯99 999 999

【解析】 在 VFP 表单设计中,可以利用 InputMask 属性和 Format 属性,对文本框中文本的输入与显示格式进行控制。

其中,InputMask 属性用于指定文本框中文本的输入格式与显示格式。例如,'X'表示可以输入任何字符,'9'表示可以输入数字和正负符号,'♯'表示可以输入数字、空格和正负符号,'∗'表示在值的左侧显示星号,'.'用于指定小数点的位置,','用来分隔小数点左边的整数部分。

Format 属性指定数据输入的限制条件和显示格式,它是对整个输入区域特性的约束。'A'只允许字母字符的输入;'D'使用当前的日期格式输入并显示;'L'显示前导零,而不是空格;'T'删除输入字段的前导空格和结尾空格;'!'实现把字符字母转换为大写字母,其只用于字符型数据;'^'使用科学计数法显示数值型数据。

此外,可编写 Valid 事件的执行代码,来检验文本框中的值。

【例 9-13】 形状控件的 Curvature 属性决定形状控件角的曲率,当该属性的值为_____时,用来创建矩形。

答案：0

【解析】 形状控件的重要属性是 Curvature 属性,它用于指定形状控件的角的曲率。其取值范围是[0,99],若其值为 0 时,该控件为直角形状;值为 99 时,该控件为圆角形状。当其 Height 属性与 Width 属性值相等,且 Curvature 属性值为 99 时,该形状为圆。

【例 9-14】 某表单(fml)上有一个列表框(List1)、一个文本框(Text1)和一个命令按钮(Command1,其 Caption 属性为"添加")。请完善命令按钮的 Click 事件代码以实现以下功能：在文本框 Text1 中输入字符串,如果该字符串在列表框中不存在,就将该字符串插入到列表框中,否则弹出对话框并给出信息提示"该字符串已经存在,请重新输入"。运行表单时参考界面如图 9-1 所示。

```
flag＝0
FOR n＝1 TO ThisForm. list1. ListCount
    IF ThisForm. List1. List(n)＝   (1)
            flag＝1
    ENDIF
ENDFOR
IF flag＝0
    (2)   (ThisForm. Text1. Value)
```

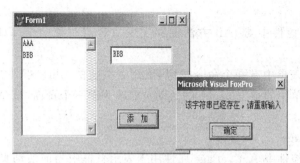

图 9-1　表单 fml 的运行界面

```
ELSE
    MessageBox("该字符串已经存在,请重新输入")
ENDIF
```

答案:(1) ThisForm. Text1. Value　　　(2) ThisForm. List1. AddListItem

【解析】　本题涉及到列表框中 ListCount 属性、List(i)属性、AddListItem 方法以及文本框的 Value 属性的应用。此外,必须了解 flag 在程序设计中的使用方法。本题中使用 flag 来表示文本框中的值在列表框中是否已经存在。

【例 9-15】　如图 9-2 所示,设"成绩查询"表单中的表格控件有五列,如果要将用于显示成绩表(cj)的学生成绩字段(cj)的第三列的前景色设置为:用红色显示不及格成绩,用绿色显示及格成绩,则可在表格的 init 事件中包含如下代码:

This. Column3. DynamicForeColor=' _____ '

答案:IIF(cj. cj>=60,RGB(0,255,0),RGB(255,0,0))

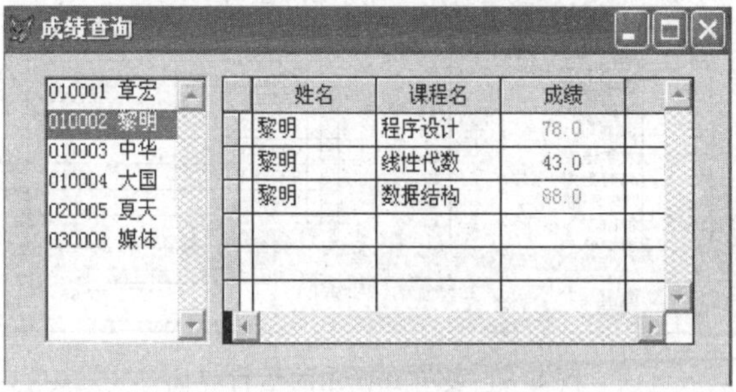

图 9-2　"成绩查询"表单的运行界面

【解析】　表格控件中 DynamicForeColor 属性用于在条件格式编排中,设定动态显示的字体前景颜色。DynamicFontSize 属性用于在条件格式编排中,设定动态显示的字体大小等。此外,本题中还要注意 IIF 函数的使用方法。

【例 9-16】　设某表格控件用于浏览教师信息,为了使得在该表格控件中以不同的背景色显示男、女教师的信息,则在表格控件的 Init 事件中,需要写入代码如下:

This. _____ ("BackColor","IIF(xb="男",RGB(255,0,0),RGB(0,0,255))","Column")

答案：SetAll

【解析】 表格控件中 SetAll 方法能够实现对容器对象中全部或某一类控件设置属性。

【例 9-17】 某表单中有一个命令按钮，该命令按钮的 Click 事件过程代码中含有一条命令可以将该表单中的页框 page1 的活动页面改为第三个页面，该命令是：ThisForm. page1. _____＝3

答案：ActivePage

【解析】 页框控件中 ActivePage 属性用于表示页框中当前活动页的页码。此外，表格控件中 ActiveColumn 属性表示当前包含活动单元格的列，ActiveRow 属性表示当前包含活动单元格的行，表单控件的 ActiveControl 属性表示当前表单中的活动控件。

【例 9-18】 某表单 Form1 上有一个命令按钮组 Cmg，其中有两个命令按钮（分别为 cmd1 和 cmd2），要在 cmd1 的 Click 事件代码中设置 cmd2 不可用，其代码为：

This. _____. cmd2. Enabled＝. F.

答案：Parent

【解析】 本题考查控件的相对引用方法。在相对引用中，关键字 This 指该对象，Parent 指该对象的直接容器，ThisForm 指包含该对象的表单，ThisFormSet 指包含该对象的表单集，其中，This、ThisForm、ThisFormSet 只能在方法程序或事件处理代码中使用。

【例 9-19】 某表单（form1）的数据环境中包含 kc 表和 cj 表，且 kc 表和 cj 表之间已建好临时关系。当表单运行时，如图 9-3 所示。

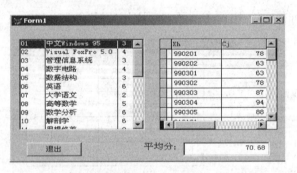

图 9-3　表单 form1 的运行界面

① 列表框的 BoundColumn 为 1，要求显示 kc 表的课程代号（kcdh）、课程名（kcm）和课时数（kss）字段，则列表框的 RowSourceType 属性值为"6（字段）"，RowSource 属性值为(1)。

② 若在列表框中选中某门课程时，表格中显示该课程的所有学生的成绩，且在文本框 Text1 中显示该课程的平均分，则列表框的 InteractiveChange 事件代码中应含有：

```
SELECT AVG(cj. cj) FROM cj;
    WHERE cj. kcdh＝  (2)  INTO ARRAY t
    This.  (3)  . Text1. Value＝t
```

答案：(1) kcdh,kcm,kss　(2) This. Value　(3) Parent

【解析】　本题涉及到列表框中的相关属性的使用。其中，包括设定数据源的 RowSource 属性和 RowSourceType 属性、ColumnCount 属性（指定控件中列对象的数目）、BoundColumn 属性（指定包含多列的列表框控件中，哪一列绑定到该列表框控件的 Value 属性中）以及 InteractiveChange 事件的使用。本题中同样用到了与 SQL 结果输出的相关知识。

9.3　上机操作

实验 9.1　"欢迎"与"登录"表单的设计

【实验目的】

- 掌握使用表单设计器创建表单的方法。
- 掌握表单常用属性的设置及事件代码的编写。
- 掌握标签、文本框和编辑框等控件的常用属性和方法。
- 了解管理系统中欢迎界面及登录界面设计的一般方法。

【实验准备】

1. 复习表单创建报表的方法以及标签、文本框和编辑框等控件的常用属性和方法。
2. 预习实验内容并填充。
3. 准备好实验所需的项目、数据库和表。
4. 启动 Visual FoxPro 6.0 系统，并设置默认工作目录。

【实验内容和步骤】

1. 设计"欢迎"表单

在常用管理信息系统的开发过程中，一般都要包含系统的欢迎界面。本次实验设计的"欢迎"表单如图 9-4 所示，在其左下角能够显示当前系统日期，同时当用户单击表单时，能够实现标题字体由小到大的渐变过程，并始终居中显示。

（1）打开表单设计器

选择"文件"→"新建"菜单命令，在弹出的"新建"对话框中，文件类型选择"表单"，再选择"新建文件"即创建了一个新的表单。

（2）添加相关表单控件

与表单设计相关的工具栏有"表单设计器"工具栏、"表单控件"工具栏、"布局"工具栏、"调色板"工具栏，它们可以利用"显示"菜单中的"工具栏"命令来打开或关闭。

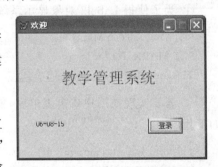

图 9-4　"欢迎"表单的运行界面

① 在"表单控件"工具栏上选择"标签"图标,并在表单上单击即可添加该对象。照此方法再添加一个"标签"和一个"命令按钮"对象。

② 单击表单设计器中"设置 Tab 键顺序"按钮,可用以控制表单执行时初始化各个对象的顺序。

③ 单击表单设计器"布局工具栏"按钮,练习使用对齐、等高等按钮的操作,布局该欢迎界面。

(3) 在属性窗口中设置相关属性

打开属性窗口的方法大致有三种:利用表单设计器工具栏上的按钮打开属性窗口;选择"显示"菜单中的"属性"项;在表单设计器中选择某对象后右键单击"属性"项。请选择一种方法打开属性窗口,并设置相关属性。

例如,要设置表单的标题,先在属性窗口中选择对象 Form1,在"属性"列表中单击 Caption 属性,并在属性设置框中输入标题"教学管理系统",然后单击"√"按钮或按下回车键即可。

参照表 9-6,分别设置各个对象的相关属性。

表 9-6　各个对象的相关属性

对象名	属性名	属性值	功 能 介 绍
Form1	Caption	欢迎	设置表单标题
Form1	AutoCenter	.t.	运行时在 VFP 主窗口中居中
Form1	MaxButton	.f.	运行时不显示最大化按钮
Form1	DeskTop	.t.	指定是否包含 VFP 主窗口
Label1	Caption	教学管理系统	设置标签标题
Label1	BackStyle	0	制定标签的背景是否透明
Command1	Caption	登录	设置命令按钮的显示标题

(4) 保存表单

单击常用工具栏中的"保存"按钮,选择合理的保存路径,将该表单保存为欢迎. scx。

(5) 编辑相关事件代码

① 为了使得 Label2 对象显示系统日期,可在 Form1 的 Init 事件中键入如下代码:

```
SET DATE TO YMD
SET MARK TO '一'
ThisForm. Label2. Caption= _____
```

② 若要实现在用户单击表单后,能使标题大小渐变,在 Form1 的 Click 事件中编写如下代码:

```
Thisform. Label1. FontSize=8
DO WHILE ThisForm. Label1. FontSize<=18
    ThisForm. Label1. FontSize= ThisForm. Label1. FontSize+2
```

&&. 实现标题的字体大小在执行每次循环后增加两个单位

　　＝inkey(1)　　　&&. 延时一秒钟

ENDDO

③ 再次单击常用工具栏中的"保存"按钮,实现"欢迎"表单的正常保存。

（6）运行表单

运行表单的方法有三种：使用工具栏的"运行"按钮；选择"程序"菜单下的"运行"项；在命令窗口中键入 DO FORM ＜表单名＞。

选择上述方法之一运行该表单。

（7）添加表单至项目文件中

打开项目 jxgl,将表单添加到项目中。

2. 设计"登录"表单

该表单的功能是先输入用户名,并按下回车键,再输入密码。当用户单击登录按钮或使用热键 Alt＋L 后,系统检查用户名和密码是否为"Tom"和"123",如果能正确匹配,则提示登录成功,否则提示登录失败,文本框清空,并判断若连续三次登录失败,则给出错误信息,表单自动释放。运行界面如图 9-5(a)、图 9-5(b)所示。

(a)"登录"表单的运行界面(1)　　　　　　(b)"登录"表单的运行界面(2)

图 9-5　"登录"表单的运行界面

① 打开项目 jxgl,在项目管理器中创建表单,并保存为登录.scx。

② 参照图 9-5(a)、图 9-5(b)所示,设置各个对象的属性。其中,密码文本框的 PassWordChar 属性设置为"＊","登录"按钮的 Caption 属性设置为登录(\＜L),"关闭"按钮类似。

③ 分别编写下列事件的代码。

• 在表单中的 Init 事件中键入代码如下：

```
public n
n＝0                              && 用于用户错误登录的计数
ThisForm. Text2. Enabled＝_____    && 设置其为不可用状态
Thisform. Text1. _____           && 用户名文本框获取焦点
```

• 在用户名文本框(Text1)对象的 KeyPress 事件中键入代码如下：

```
IF nkeycode＝_____. and. ! empty(_____)
    ThisForm. Text2. Enabled＝. t.
```

```
ENDIF                          && 若 Text1 非空,且按下回车键,则激活 Text2 对象
                               && 提示:该事件中自动生成的一行代码,不可任意删除
```

- 在"确定"按钮(Command1)对象的 Click 事件中键入代码如下:

```
IF alltrim(ThisForm. Text1. Value)="Tom" and alltrim(ThisForm. Text2. Value)="123"
    MessageBox("登录成功",0,"提示")
ELSE
    n=n+1
    IF n>=3
        MessageBox("连续三次登录失败,再见",16,"提示")
        inkey(2)                   && 延时两秒钟
        _____            && 释放当前表单
    ELSE
        ThisForm. Text1. Value=""
        ThisForm. Text2. Value=""  && 文本框清空,重新登录
    ENDIF
ENDIF
```

④ 保存并运行表单。提示:输入用户名后,按下回车键继续输入密码,并查看运行结果。此外,使用热键 Alt+L 实现登录功能。

⑤ 编写"关闭"按钮的 Click 事件,实现表单的关闭功能。

⑥ 打开"欢迎"表单,在"登录"按钮的 Click 事件中编写代码如下,实现将两个表单连接起来,并释放"欢迎"表单。

```
DO FORM 登录
ThisForm. Release
```

3. 使用数据环境,重新设计"登录"表单

① 创建一个用户信息表(user. dbf),其关系模式为 user(username c(8),userkey c(8)),并键入 5 条左右合理的用户信息。

② 打开"登录"表单,在表单设计器中右击鼠标,在弹出的快捷菜单中选择"数据环境"。在数据环境设计器中,同样使用鼠标右击操作,选择"添加",把 user. dbf 表添加到该表单的数据环境中。

③ 改写"登录"按钮的 Click 事件代码:

```
LOCATE FOR username=_____
IF FOUND()
    IF userkey=alltrim(ThisForm. Text2. Value)
        MessageBox("登录成功")
    ELSE
        MessageBox("密码错误,登录失败")
        ThisForm. Text2. Value=""
    ENDIF
```

```
ELSE
    MessageBox("用户名不存在,登录失败")
    ThisForm. Text1. Value=""
    ThisForm. Text2. Enabled=. f.
ENDIF
```

④ 保存并运行该"登录"表单。

【思考题】

新建一个表单,表单名为 Form1,在表单中加入一个命令按钮 Command1。为表单和命令按钮添加如下事件代码,并思考下列事件发生的先后顺序:

(1) 表单的 Load 事件

Messagebox('form1. load')

(2) 表单的 Click 事件

Messagebox('form1. click')

(3) 表单的 Init 事件

Messagebox('form1. init')

(4) 表单的 Destroy 事件

Messagebox('form1. destroy')

(5) Command1 的 Click 事件

Messagebox('command1. click')

(6) Command1 的 Init 事件

Messagebox('command1. init')

(7) Command1 的 Destroy 事件

Messagebox('command1. destroy')

实验 9.2　信息浏览及维护功能表单的设计

【实验目的】

- 掌握一对多表单的设计方法。
- 掌握"记录导航"表单的设计方法。
- 初步掌握信息浏览、添加、删除及修改的常用方法。

【实验准备】

1. 复习表记录指针的移动命令以及命令按钮组等控件的常用属性和方法。

2. 预习实验内容并填充。

3. 准备好实验所需的项目、数据库和表。

4. 启动 Visual FoxPro 6.0 系统,并设置默认工作目录。

【实验内容和步骤】

1. 利用表单向导,创建一对多表单

在表单向导中,选取一对多表单向导创建一个表单。要求:从父表 xs 中选取字段学号、姓名、专业,从子表 cj 中选取字段学号、课程代号、成绩,表单样式为"阴影式",按钮类型使用"文本按钮",并按照学号降序排序,表单标题为"学生成绩浏览",最后保存表单,其表单文件名为:学生成绩浏览。

(1) 打开项目 jxgl,通过项目管理器打开表单向导

选择菜单"文件"→"新建"命令,在弹出的"新建"对话框中选择"表单"单选按钮,再单击"向导"图标按钮,系统弹出"向导选取"对话框,在列表框中选择"一对多表单向导",单击"确定"按钮。

(2) 表单设计

① 当系统弹出"从父表中选定字段"的界面时,单击"数据库和表"下面的"…"图标按钮,选定父表 xs,此时把学号、姓名、专业三个字段添加至"选定字段"列表框中。

② 单击"下一步"按钮为子表选定字段,操作方法如①。

③ 单击"下一步"按钮进入"建立表之间的关联"的设计界面,建立父表 xs 和子表 cj 以字段 xh 的关联。

④ 单击"下一步"按钮进入"选择表单样式"界面,在"样式"列表框中选择"阴影式",在"按钮类型"选项组中选择"文本按钮"选项。

⑤ 单击"下一步"按钮进入"排序次序"界面,选定"可用字段或索引标识"列表框中的学号字段,并选择"降序"按钮,添加至右边的"选定字段"列表框中。

⑥ 单击"下一步"按钮进入"完成"界面,在"标题"文本框中输入"学生成绩浏览",再选择"保存表单并用表单设计器修改表单",选择合理路径后把该表单保存为学生成绩浏览.scx。

(3) 调整控件的大小或位置

在表单设计器中,合理调整相关控件的大小或位置,并使标题标签居中。提示:可以使用实验 9.1 中介绍的方法,也可修改标签的 Width 与表单的 Width 相等,再分别修改标签的 AutoSize 和 Alignment 属性即可。

(4) 保存并运行表单

运行界面如图 9-6 所示。

2. 创建表单,实现记录导航功能

① 打开项目 jxgl,在项目管理器中创建表单,并命名为记录导航.scx。

② 在表单设计器中右击表单,在弹出的快捷菜单中选择"数据环境"菜单项,把 xs.

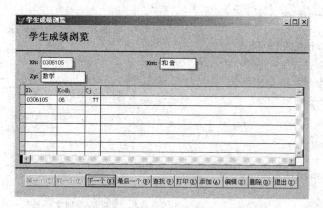

图 9-6 "学生成绩浏览"表单运行界面

dbf 添加到该表单的数据环境中。

③ 参照图 9-7,分别设置表单和控件的相应属性。

图 9-7 "记录导航"表单运行界面

- 设置表单的相关属性。
- 在数据环境中,把学生表中相关字段拖放至表单相对位置中,如图 9-7 所示。注意若标题出现非中文描述时,可在相应的数据库设计器中为表的各个字段设置标题。
- 添加"命令按钮组"控件,使用鼠标右击操作选定"生成器",在"按钮"选项卡中,修改按钮数目为 4,并删除相应按钮的 Caption 属性值,再设置其 Picture 属性,图形文件的相对路径是 Vfp98/wizards/wizbmps,文件名依次为"wztop"、"wzend"、"wznext"、"wzback"。同时在"布局"选项卡中修改按钮布局。

提示:

　　在表单设计过程中,养成及时保存表单的良好习惯。

④ 编写事件代码。

选定该"命令按钮组"控件,编写 Click 事件代码如下:

```
do case
case This. Value=1
                              && 定位表的第一条记录
    _____
    This. Command3. Enabled=. t.
    This. Command4. Enabled=. f.
```

```
      case This. Value=2
                                                        &&. 定位表的最后一条记录
        _____
        This. Command3. Enabled=. f.
        This. Command4. Enabled=. t.
      case This. Value=3
        if _____                                     &&. 判断是否到文件尾
          skip 1
        else
          go bottom
        endif.
        This. Command4. Enabled=. t.
      case this. value=4
        if _____                                     &&. 判断是否到文件头
          skip -1
        else
          go top
        endif.
        This. Command3. Enabled=. t.
  endcase
  _____                                               &&. 刷新显示
```

⑤ 运行表单,实现记录导航。

3. 创建表单,实现信息维护的相关功能

改写"记录导航"表单,添加相应控件,实现在表文件尾添加新的记录,并能够逻辑删除表中的相应记录。

① 打开"记录导航. scx"文件,添加两个命令按钮,并参照图 9-8 修改相应属性,然后将表单另存为"学生信息维护. scx"。

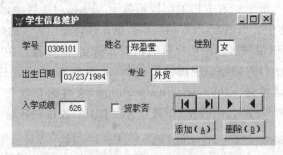

图 9-8 "学生信息维护"表单的运行界面

② 编写事件代码。

• "添加"按钮的 Click 事件:

```
Append Blank
Thisform. Refresh
```

• "删除"按钮的 Click 事件:

```
yn=MessageBox("是否确定删除?",4+32,"信息窗口")
```

Visual FoxPro 学习辅导与上机实验

```
        if yn=6
            delete
            MessageBox("记录删除成功!")
            Thisform. Refresh
        endif
```

4. 创建表单,实现学生入学成绩的更新

如图 9-9 所示,当用户单击某位学生的学号时,在右边的文本框和微调按钮中分别显示该生的姓名和入学成绩,在用户修改了学生的入学成绩后,单击"更新"按钮,即可实现该生入学成绩的更新。

① 打开项目 jxgl,在项目管理器中创建表单,将其命名为"学生信息更新.scx"。

② 在数据环境中添加表 xs。

③ 在表单设计器中添加相应控件并修改相关属性,部分控件的属性设置见表 9-7。

图 9-9 "学生信息更新"表单运行界面

表 9-7 部分控件的属性设置

对象名	属性名	属性值
List1	RowSourceType	3-SQL 语句
List1	RowSource	Sele xh From xs Into cursor temp
Spinner1	Increment	1
Spinner1	KeyboardHighValue	700
Spinner1	KeyboardLowValue	280
Spinner1	SpinnerHighValue	700
Spinner1	SpinnerLowValue	280

④ 编写事件代码。

• List1 的 Click 事件:

```
Locate For xh=This. Value
IF _____
    ThisForm. Text1. value=xm
    ThisForm. Spinner1. Value=rxcj
    ThisForm. Refresh
ENDIF
```

• "更新"按钮的 Click 事件:

```
rr=ThisForm. Spinner1. Value
update xs set _____          where xh=ThisForm. List1. Value
ThisForm. Refresh
```

- "退出"按钮的 Click 事件:

  ThisForm. Release

⑤ 保存并运行表单,单击列表框中任一学生的学号,修改该生的入学成绩,并单击"更新"按钮,即可实现学生入学成绩的更新。

【思考题】

创建表单 Form1,实现表单运行时,第二个组合框的下拉数据项根据第一个组合框的值而更新。如图 9-10(a)、图 9-10(b)所示,当用户选定"耗材"数据项时,组合框 2 的下拉数据项随即更新为"打印纸"和"墨盒",同理当用户选择"文具"时,组合框 2 的下拉数据项将更新为"钢笔"、"铅笔"和"圆珠笔"。

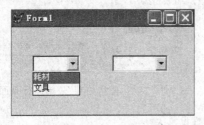
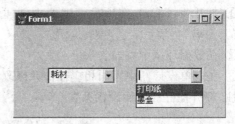

(a) 表单 Form1 的运行界面 (1)　　　　　(b) 表单 Form1的运行界面 (2)

图 9-10　表单 Form1 的运行界面

> 提示:
>
> 首先设置组合框 1 的 Rowsourcetype 的值为 1,在 Rowsource 属性窗口中输入:文具,耗材(注意标点符号应是英文标点)。此外,编写 Cmobo2 的 DropDown 事件代码,编写时可参考如下程序段,并填充完整。

```
IF ThisForm. Combo1. Value="耗材"
     This. Clear()
     This. AddItem("打印纸")
     This. AddItem("墨盒")
ELSE
     _____
     _____
     _____
     _____
ENDIF
ThisForm. Refresh
```

实验 9.3　数据统计功能表单的设计

【实验目的】

- 掌握页框、选项按钮组等控件的基本属性与方法。

- 掌握数据统计的一般设计方法。

【实验准备】

1. 复习页框、选项按钮组等控件的基本属性与方法。
2. 预习实验内容并填充。
3. 准备好实验所需的项目、数据库和表。
4. 启动 Visual FoxPro 6.0 系统,并设置默认工作目录。

【实验内容和步骤】

设计表单如图 9-11(a)及图 9-11(b)所示,当用户在"选择学生"页框中通过选项按钮组和列表框选择任一学生的学号或姓名后,单击"成绩统计"页框后,即可显示该生的选修门数及平均成绩等信息,从而实现一定的数据统计功能。

1. 创建表单

打开项目 jxgl,在项目管理器中新建表单,将其命名为学生成绩统计.scx。

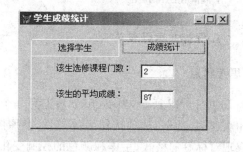

(a) "学生成绩统计"表单运行界面(1) (b) "学生成绩统计"表单运行界面(2)

图 9-11 "学生成绩统计"表单运行界面

2. 在数据环境中添加表 xs 和表 cj

3. 设置表单及相关控件的属性

参照图 9-11(a)及图 9-11(b),在表单设计器中添加相应的控件,并修改相应属性。其中,Page1 中的列表框的 RowSourceType 属性为"6-字段"。

4. 编写 Page1 中 OptionGroup1 的 Click 事件

```
IF This. Value=1
     This. Parent. List1. RowSource=_____        && 列表框中显示学生学号信息
ELSE
     This. Parent. List1. Rowsource=_____        && 列表框中显示学生姓名信息
ENDIF
ThisForm. Refresh
```

5. 保存并运行表单,测试 Page1 的运行情况

6. 编写 Page2 的 Click 事件

IF This. Parent. Page1. OptionGroup1. Value＝1

    xh_t＝＿＿＿＿＿＿＿＿＿＿＿＿ &&. 变量 xh_t 代替 page1 中列表框的值

    sele count(＊),avg(cj) from xs,cj where xs. xh＝cj. xh;

      and xs. xh＝xh_t into arra aa

    This. Text1. Value＝allt(＿＿＿＿)

    This. Text2. Value＝allt(＿＿＿＿) && 显示数组中的相应的值

ELSE

    ＿＿＿＿＿＿＿＿＿＿＿＿＿

    ＿＿＿＿＿＿＿＿＿＿＿＿＿

    ＿＿＿＿＿＿＿＿＿＿＿＿＿

ENDIF

ThisForm. Refresh

7. 保存并运行表单

【思考题】

如图 9-12 所示,表单(form1)上有一个标题为"欢迎使用信息管理系统"的标签。使用页框、复选框、选项按钮组等控件,参照图 9-12,设置相应属性,并编写相关代码,分别实现对标签的格式、字体和颜色的控制变化。

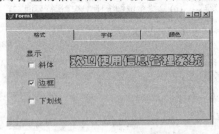

(a) 表单 form1的运行界面(1)

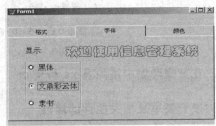

(b) 表单 form1的运行界面(2)

(c) 表单 form1的运行界面(3)

图 9-12 表单 form1 的运行界面

实验 9.4　其他控件的应用

【实验目的】

- 掌握计时器、复选框及形状控件的基本属性与方法。
- 掌握在具体表单设计中上述控件的使用规律。

【实验准备】

1. 复习计时器、复选框及形状控件的基本属性与方法。
2. 预习实验内容并填充。
3. 启动 Visual FoxPro 6.0 系统，并设置默认工作目录。

【实验内容和步骤】

创建表单如图 9-13 所示，当用户单击"开始"按钮时，形状控件的曲率每隔半秒钟将缩小 10 个单位，直到该形状控件的曲率变成 0 停止。在此期间，用户还可以通过复选框实现该形状控件前景色的红绿切换。

图 9-13　"其他控件应用"表单的运行界面

1. 打开表单设计器

使用命令打开表单设计器，并将新建表单命名为"其他控件应用.scx"。

2. 设置表单及相关控件的属性

参照图 9-13，在表单设计器中，添加相应控件，并设置相应属性。其中计时器控件的 Enabled 属性为.f.，Interval 属性设置为 500，形状控件的曲率设置为最大值 99。

3. 编写相关事件代码

（1）"开始"按钮的 Click 事件

```
ThisForm. Shape1. Curvature=_____        && 设置形状控件的曲率为最大
ThisForm. Timer1. Enabled=_____          && 开启计时器
ThisForm. Command1. Enabled=. f.
```

（2）计时器的 Timer 事件

```
IF ThisForm. Shape1. Curvature-10<=0
ThisForm Shap1. Curature=0
ThisForm. Timer1. Enabled=. f.
ThisForm. Command1. Enabled=. t.
ELSE
    IF _____                      && 若复选框处于选定状态
```

```
        ThisForm. Shapel. Backcolor=rgb(255,0,0)
    ELSE
        ThisForm. Shapel. Backcolor=rgb(0,255,0)
    ENDIF
    ThisForm. Shapel. Curvature=_____        &.& 曲率相对缩小 10 个单位
ENDIF
```

4. 保存并运行表单

【思考题】

改写该表单,添加一个微调按钮,用于控制形状控件的变化系数。即若设置微调按钮的值为 10 时,则时钟事件每次相对缩小 10 个单位,如图 9-14 所示。

图 9-14　思考题的表单运行界面

实验 9.5　信息查询功能表单的设计

【实验目的】

- 掌握表格及列表框、组合框等控件的基本属性与方法。
- 掌握数据动态查询的一般代码形式。
- 掌握信息查询的界面设计方法与代码编辑技巧。

【实验准备】

1. 复习表格及列表框、组合框等控件的基本属性与方法。
2. 预习实验内容并填充。
3. 准备好实验所需的项目、数据库和表。
4. 启动 Visual FoxPro 6.0 系统,并设置默认工作目录。

【实验内容和步骤】

1. 创建表单,实现简单的记录查询

如图 9-15 所示,用户在组合框中选定任一学号,在右边的表格中显示该生相应的姓名及专业等信息。

① 在项目管理器中创建表单文件,并命名为"学生信息查询.scx"。

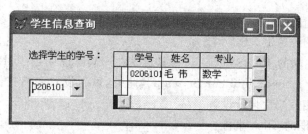

图 9-15 "学生信息查询"表单的运行界面(a)

② 在数据环境中添加表 xs。

③ 参照图 9-15,在表单设计器中添加相应控件,并合理设置表单及控件的相关属性。

- 组合框的 RowSourceType 属性设置为"字段",其 RowSource 属性设置为 xs. xh。设置表格控件的 RecordSource 属性为 xs. dbf。

- 选定表格,设置其 ColumnCount 属性为 3,并在属性窗口中的下拉对象列表中分别观察 Column 对象及其 Header 对象的相关属性,并把 Header 对象的 Alignment 属性设置为居中模式。

提示:

　　表格相关对象的选定方法为:在表单设计器中,先选定 Grid1 对象,再分别选中属性窗口中下拉对象列表内的 Column 对象及 Header 对象等。

④ 编写组合框的 InteractiveChange 事件代码:

xh_t＝allt(＿＿＿＿＿)　　　　　　　　　&& 引用该组合框的值

sele xh,xm,zy from xs where xh＝xh_t into cursor t_1

ThisForm. Grid1. RecordSourceType＝1

ThisForm. Grid1. RecordSource ＝＿＿＿＿　　　　&& 设置表格数据源

ThisForm. Grid1. Refresh

⑤ 保存并运行表单,在下拉组合框中选定一个学生的学号,表单右边的表格中显示该生的姓名和专业等信息。

2. 修改上述表单,实现按照专业查询学生成绩的功能

如图 9-16 所示,修改上述表单,实现当用户单击列表框中某一专业时,在表单右边的表格中显示该专业所有学生的成绩,并按照成绩降序显示。

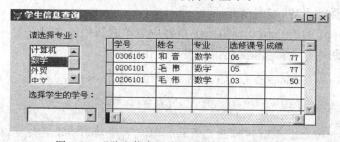

图 9-16 "学生信息查询"表单的运行界面(b)

① 修改学生信息查询.scx 文件，添加一个标签和一个列表框，并参照图 9-16 将表单中控件放到合适的位置上。

② 设置列表框的 RowSourceType 属性为"3-SQL 说明"，其 RowSource 属性为"select distinct zy from xs into cursor temp"，此外，重新设置表格控件的 ColumnCount 属性为−1，其他相关属性自行设置。

③ 编写列表框的 Click 事件：

```
zy_t＝allt(This. Value)
ss="sele xs. xh,xm,zy,kcdh,cj from xs,cj ;
        where xs. xh=cj. xh and zy=zy_t ;
            _____ into cursor t_2"        && 按照成绩降序排序
ThisForm. Grid1. RecordSourceType=_____          && 设置表格数据源类型
ThisForm. Grid1. RecordSource=ss
ThisForm. Refresh
```

④ 保存并运行表单，当用户单击列表框中任一专业，表格中相应地显示该专业的学生成绩信息。

3. 修改上述表单，实现学生成绩的综合查询功能

① 在列表框 List1 的 Click 事件中添加以下代码，实现当用户选定某一专业时组合框的下拉列表中显示该专业中存在学生成绩的学号信息：

```
ThisForm. Combo1. RowSourceType=_____
ThisForm. Combo1. RowSource= "sele distinct xh from xs where zy=zy_t and xh in;
            (sele xh from cj) into cursor t_3 "
ThisForm. Refresh
```

② 重新编写组合框 Combo1 的 InteractiveChange 事件，实现当用户选定某个专业的学生学号时，表格中自动显示该生的成绩情况，代码如下：

```
zy_t＝allt(ThisForm. List1. Value)
xh_t＝allt(ThisForm. Combo1. Value)
ThisForm. Grid1. RecordSourceType=1
sele xs. xh,xm,zy,kcdh,cj from xs,cj where xs. xh=cj. xh ;
    and xs. xh=xh_t and zy=zy_t into cursor t_1
ThisForm. Grid1. RecordSource="t_1"
ThisForm. Refresh
```

③ 保存并运行表单，如图 9-17 所示。

④ 在 Combo1 的 InteractiveChange 事件中表单刷新代码之前添加一行代码，实现表格中成绩字段的成绩分绿色和红色区别显示。代码如下：

```
ThisForm. Grid1. Column5. DynamicForecolor='IIF(t_1. cj>=60,rgb(0,255,0),rgb(255,0,0))'
```

提示：

DynamicForecolor 属性可以用于表格中指定列的动态前景色设置。

图 9-17 "学生信息查询"表单的运行界面(c)

实验 9.6　表单综合设计

【实验目的】

利用表单中列表框、表格、页框等控件,设计出能够实现信息查询的界面。

【实验准备】

1. 复习所学过的控件的基本属性及其方法。
2. 准备好实验 4.3 中的相关数据库和表文件。
3. 启动 Visual FoxPro 6.0 系统,并设置默认工作目录。

【实验内容和步骤】

1. 参照实验 9.2,独立设计一个可以实现记录导航功能及简单记录定位或维护功能的表单。
2. 选择下述选题之一,设计并实现一个具有数据查询和统计功能的表单。

> 说明:
> 选题所使用的后台数据库及其相应的表结构详见实验 4.3。

(1) "销售信息查询"表单设计

如图 9-18(a)、图 9-18(b)所示,当用户单击"供应商"后,列表框中显示所有供应商的编号信息,当前活动页面为"供应商相关信息",用户再选定某一个供应商号后,当前页面

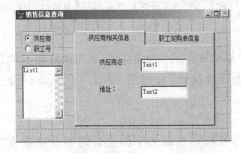

(a) "销售信息查询"表单设计界面(1)

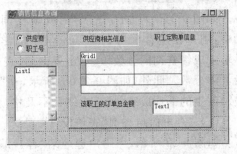

(b) "销售信息查询"表单设计界面(2)

图 9-18 "销售信息查询"表单设计界面

中即显示该供应商的基本信息。同理,当用户单击"职工号"后,列表框中再选定列表框中的某一个职工号,列表框中显示所有职工的编号信息,活动页面为"职工定购单",其表格中自动显示该职工的所有订单信息,并同时显示该职工所签订单的总金额数。

（2）"工资信息查询"表单设计

如图 9-19(a)、图 9-19(b)所示,用户在"公司工资情况查询"页面中,选定某一个职工编号,并选择查询范围,单击"查询"后,表格中显示该职工的编号、姓名及所查询的相关工资信息。同时,在"公司工资情况统计"页面中,用户选定列表框中的某一具体的部门编号,右侧文本框自动显示该部门名称、该部门的职工人数及该部门职工的平均工资等信息。

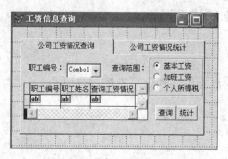
(a) "工资信息查询"表单设计界面(1)

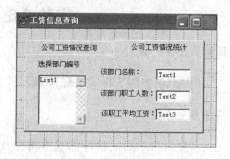
(b) "工资信息查询"表单设计界面(2)

图 9-19 "工资信息查询"表单设计界面

（3）"医生药品信息查询"表单设计

如图 9-20 所示,当用户单击选项按钮组中"医生信息"时,标签的 Caption 属性设置为"选择医生姓名",组合框中显示医生表中的医生姓名信息,用户选择医生并单击查询后,第一个表格中显示该医生的相关信息,第二个表格中显示该医生所开的处方信息。同样,当用户选择了选项按钮组中的"药品信息",标签标题自动改为"选择药品名称",组合框中显示药品表中的药品名称信息。然后当用户选定某个药品,单击查询后,第一个表格中显示该药品的相关信息,第二个表格中显示该药品用于医生处方中的使用总数等信息。

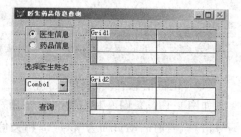
图 9-20 "医生药品信息查询"表单设计界面

（4）"学生成绩查询"表单设计

如图 9-21(a)所示,在"学生成绩查询"页面中,用户在组合框中选定某位学生的学号,并输入成绩查询的分数段,单击查询后,表格中显示该生成绩满足指定区间的课程名称以及具体分数。此外,如图 9-21(b)所示,在"学生信息统计"页面中,通过三个文本框分别显示该生的平均成绩、最高成绩及不及格门数。

（5）"客户信息查询"表单设计

如图 9-22 所示,当用户选定某"客户编号",并指定查询的年份及查询的季度数或月份,单击"查询",表格中显示该客户在选定季度或月份中的投诉信息。同时,表单的文本框中显示该客户所有投诉中最多的投诉内容的类型。

Visual FoxPro 学习辅导与上机实验

(a) "学生成绩查询"表单设计界面 (1)

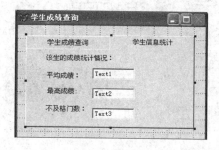

(b) "学生成绩查询"表单设计界面 (2)

图 9-21 "学生成绩查询"表单设计界面

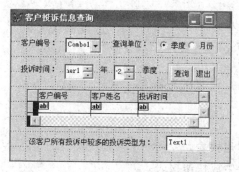

图 9-22 "客户信息查询"表单设计界面

第 10 章 报 表 设 计

本章基本要求：

1. 理论知识

- 掌握报表的概念。
- 掌握报表的类型。
- 掌握创建和输出报表的相关命令。

2. 上机操作

- 使用报表向导创建报表。
- 使用报表设计器生成快速报表。
- 使用报表设计器修改报表布局。
- 使用报表设计器设计分组报表。
- 报表设计器中报表控件的使用。

10.1 知 识 要 点

10.1.1 报表的基本概念

报表是数据输出的常用形式，一般使用"报表向导"、"报表设计器"或两者结合来设计报表。所建立的报表被存为后缀名为.frx 和.frt 的报表文件。

10.1.2 报表的分类

报表包括：列报表、行报表、一对多报表、多栏报表和标签。

10.1.3 报表的建立

创建报表有三种方法：报表向导、报表设计器和快速报表。

10.1.4 "报表设计器"中的布局

"报表设计器"中包括三个基本带区：页标头、细节和页注脚。此外，还可以根据需要添加"标题"和"总结"带区，如果对报表中的数据进行分组，还会产生"组标头"和"组注脚"

带区。

10.1.5 "报表设计器"中的常用控件

"报表设计器"中的常用控件包括域控件、标签、线条、矩形、圆角矩形以及图片/ActiveX 绑定、按钮锁定等,这些控件的用途见表 10-1。

表 10-1 报表控件及用途

显 示 内 容	可选用控件	显 示 内 容	可选用控件
字段、变量和其他表达式	域控件	边框	矩形
固定文本	标签	圆、椭圆、圆角矩形和边界	圆角矩形
直线	线条	位图、通用字段	图片/ActiveX 控件

10.1.6 相关命令

- 创建报表:CREATE REPORT
- 修改报表:MODIFY REPORT
- 预览报表:REPORT FORM <报表文件名> PREVIEW
- 打印报表:REPORT FORM <报表文件名> TO PRINTER
- 输出报表到文件:REPORT FORM <报表文件名> TO FILE <文件名>

10.2 经 典 例 题

10.2.1 选择题

【例 10-1】 如果想在报表中每条记录的上端都显示该字段的标题,则应将这些字段标题标签都设置在_____带区中。

A) 页标头　　　　　　　　　　　B) 组标头

C) 细节　　　　　　　　　　　　D) 页注脚

答案:C

【解析】 "页标头"和"页注脚"带区中的内容每页打印一次,"组标头"和"组注脚"带区中的内容每组打印一次,"总结"和"标题"带区的内容每张报表打印一次,"细节"带区中的内容每条记录打印一次,所以答案为 C。

【例 10-2】 在 VFP 6.0 中,在报表和标签布局中不能插入的报表控件是_____。

A) 域控件　　　　　　　　　　　B) 线条

C) 文本框　　　　　　　　　　　D) 图片/OLE 绑定控件

答案:C

【解析】 文本框不属于报表控件。

【例 10-3】 报表的标题应该通过_____控件来定义。

A) 文本框　　　　　　　　　　　B) 域控件

C) 标签   D) 标题

答案：C

【解析】　标签控件用于显示原意文本，域控件用于显示表的字段、变量以及表达式的值，文本框和标题都不是报表设计器中的控件。

【例 10-4】　系统变量_PAGENO 的值表示_____。

A) 报表当前页的页码

B) 已经打印的报表页数

C) 报表文件的总页数

D) 尚未打印的报表页数

答案：A

【解析】　_PAGENO 的值是当前页的页码。

【例 10-5】　在 Visual FoxPro 的报表文件.frx 中保存的是_____。

A) 打印报表的预览格式   B) 打印报表自身

C) 报表设计格式的定义   D) 报表的格式以及数据

答案：C

【解析】　报表文件.frx 其实是一张表，其中保存了报表中各个控件的内容和位置信息。

【例 10-6】　报表的数据源不可以是_____。

A) 自由表或其他报表   B) 数据库表、自由表或视图

C) 数据库表、自由表或查询   D) 表、查询或视图

答案：A

【解析】　报表的数据源在数据环境中定义，如果数据源是表或者视图，可以直接在数据环境中添加，除此之外，也可以在数据环境的 Init 事件代码中添加查询调用命令和SELECT-SQL 命令，将查询作为报表的数据源。

10.2.2　填充题

【例 10-7】　设计报表通常包括两部分内容：____①____ 和 ____②____ 。

答案：①数据源　②布局

【解析】　报表总是和一定的数据源相联系，因此设计报表首先要确定数据源，其次是设计报表的布局。

【例 10-8】　报表设计器中可以使用许多报表控件，为了在报表中打印当前时间，应该插入一个_____控件。

答案：域

【解析】　报表中的域控件用于输出字段、变量或者表达式的计算结果。当前时间是函数表达式 TIME() 的值，所以应使用域控件。

【例 10-9】　设计多栏报表时，当确定了分栏的列数后，报表设计器中会自动包含____①____ 和 ____②____ 带区。

答案：①列标头　②列注脚

【解析】 设计多栏报表时,从"文件"菜单选择"页面设置"命令,在弹出的"页面设置"对话框的"列数"框中设置分栏数,这时在报表设计器中将添加一个"列标头"和一个"列注脚"带区。

【例 10-10】 在报表设计器中修改报表文件 REP1 的命令是_____。

答案:MODIFY REPORT REP1

【解析】 打开报表设计器修改报表的命令是 MODIFY REPORT,打开报表设计器创建报表的命令是 CREATE REPORT。

【例 10-11】 设计报表时用来管理数据源的环境称为_____。

答案:数据环境

【解析】 在报表设计器中,数据环境是用来管理数据源的,它可以通过如下方式管理数据源:添加或移去表;打开或运行报表时打开表或者视图;基于相关表或者视图收集报表所需数据集合;关闭或者释放报表时关闭表。

10.3 上机操作

实验 报表设计

【实验目的】

- 掌握用报表设计器创建和修改报表的方法。
- 掌握报表向导的操作方法。
- 掌握快速报表的操作方法。

【实验准备】

1. 复习创建报表的方法。
2. 准备好实验所需的项目、数据库和表。
3. 启动 Visual FoxPro 6.0 系统,并设置默认工作目录。

【实验内容和步骤】

1. 创建报表"学生花名册"

(1) 使用报表向导创建报表

① 打开项目 jxgl,在"项目管理器"中单击"文档"选项卡,选择"报表",单击"新建"按钮,打开"新建报表"对话框。

② 在"新建报表"对话框中,单击"报表向导"按钮,进入"向导选取"对话框。

③ 在"向导选取"对话框中选择"报表向导",观察"说明"编辑框中的内容,单击"确定"按钮,进入"报表向导"的"步骤 1"窗口(图 10-1)。

④ 在"步骤 1"窗口中,选择数据库 JXGL 中的表 XS,此时在"可用字段"列表框中显示出表 XS 的所有字段,如图 10-2 所示,把需要的字段移入"选定字段"列表框,然后单击

"下一步"按钮,进入"步骤 2"窗口。

图 10-1 "报表向导"的"步骤 1"窗口

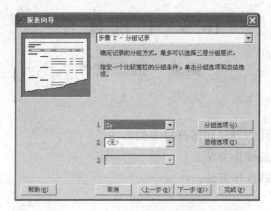

图 10-2 "报表向导"的"步骤 2"窗口

⑤ 在"步骤 2"窗口中,单击下拉列表框,选择字段 Zy,然后单击"总结选项"按钮,进入"总结选项"对话框。

⑥ 在"总结选项"对话框中,先选中字段 Rxcj 的"平均值"复选框(图 10-3),然后单击"确定"按钮返回"步骤 2"窗口,继续单击"下一步"按钮,进入"步骤 3"窗口。

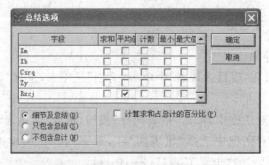

图 10-3 "报表向导"的"总结选项"窗口

⑦ 在"步骤 3"窗口的"样式"列表框中选择"账务式"(图 10-4),然后单击"下一步"按

钮,进入"步骤 4"窗口。

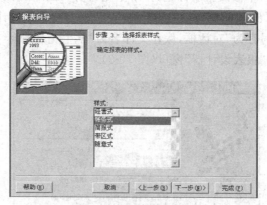

图 10-4 "报表向导"的"步骤 3"窗口

⑧ 在"步骤 4"窗口中直接单击"下一步"按钮,进入"步骤 5"窗口(见图 10-5)。

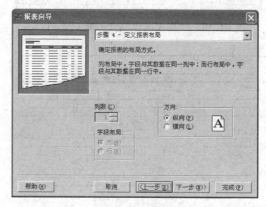

图 10-5 "报表向导"的"步骤 4"窗口

⑨ 在"步骤 5"窗口的"可用的字段或索引标识"列表框中选择字段 Xh,单击"添加"按钮,将所选字段添加到"选定字段"列表框中,并选择"升序"(图 10-6),然后单击"下一步"按钮,进入"步骤 6"窗口。

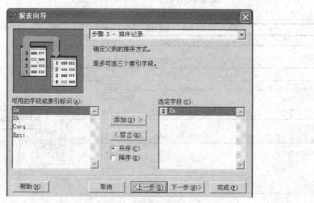

图 10-6 "报表向导"的"步骤 5"窗口

⑩ 在"步骤6"窗口中修改报表标题为"学生花名册"(图10-7),单击"预览"按钮查看效果后(图10-8)返回"步骤6"窗口,并选择"保存报表并在'报表设计器'中修改报表",单击"完成"按钮,打开"另存为"对话框,保存文件名为"学生花名册"。

文件保存后,弹出"报表设计器"窗口(图10-9)。

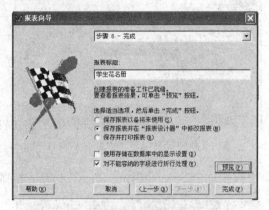

图10-7 "报表向导"的"步骤6"窗口

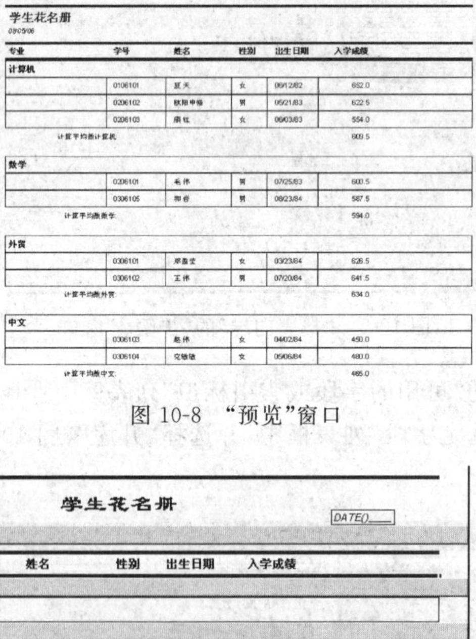

图10-8 "预览"窗口

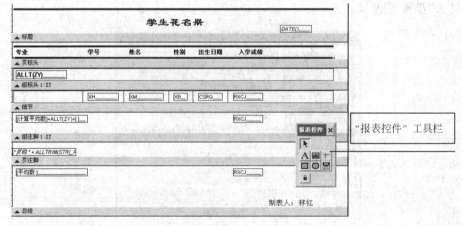

图10-9 "报表设计器"窗口

（2）在报表设计器中修改报表

① 单击报表标题，选择"格式"→"字体"菜单命令，打开"字体"对话框，设置格式为"隶书，小二号"，并将其居中放置。

② 选定域控件 Date()_____，将其居右放置。

③ 在"报表控件"工具栏中，单击"标签"按钮，再在报表设计器的"总结带区"中单击鼠标，将光标落在"总结带区"中，输入"制表人：林红"，如图 10-9 所示。

④ 执行"文件"→"打印预览"菜单命令，查看报表的制作效果。

⑤ 关闭"预览"窗口，返回"报表设计器"窗口，单击工具栏上的"保存"按钮，保存文件。

> **试一试：**
>
> 使用报表向导，基于成绩(cj)表，建立报表"课程成绩一览表"，报表内容为学号、课程号、成绩，要求按课程代号汇总各门课程的平均分。

2. 创建一对多报表"学生成绩表"

"学生成绩表"报表内容包括学号、姓名、课程号、成绩，要求求出每个同学的平均成绩。

① 打开项目 jxgl，在项目管理器中选择"报表"，单击"新建"按钮，打开"新建报表"对话框。

② 在"新建报表"对话框中，单击"报表向导"按钮，进入"向导选取"对话框。

③ 在"向导选取"对话框中选择"一对多报表向导"，观察"说明"编辑框中的内容，单击"确定"按钮，进入"一对多报表向导"的"步骤 1"窗口。

④ 在"步骤 1"窗口中，选择数据库 JXGL 中的表 XS 作为父表，选择"可用字段"列表框中的字段 Xh 和 Xm 移入"选定字段"列表框（图 10-10），然后单击"下一步"按钮，进入"步骤 2"窗口。

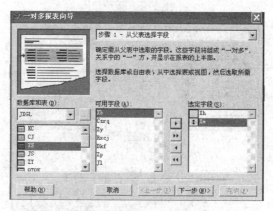

图 10-10　"一对多报表向导"的"步骤 1"窗口

⑤ 在"步骤 2"窗口中，选择表 CJ 作为子表，用同样方法将 Kcdh 和 Cj 移入"选定字

段"列表框(图 10-11),然后单击"下一步"按钮,进入"步骤 3"窗口(图 10-12)。

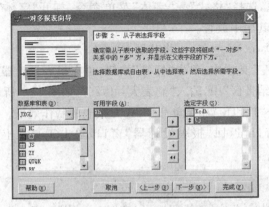

图 10-11 "一对多报表向导"的"步骤 2"窗口

⑥ 在"步骤 3"窗口中直接单击"下一步"按钮,进入"步骤 4"窗口,如图 10-13 所示设置排序字段为 Xh,然后单击"下一步"按钮,进入"步骤 5"窗口。

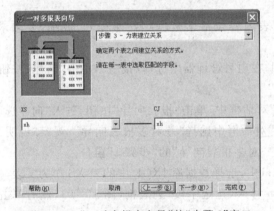

图 10-12 "一对多报表向导"的"步骤 3"窗口

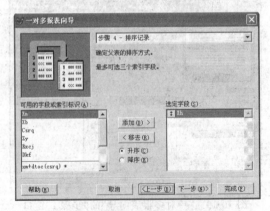

图 10-13 "一对多报表向导"的"步骤 4"窗口

　　⑦ 在"步骤 5"窗口中，单击"总结选项"按钮，进入"总结选项"对话框，在该对话框中选中 CJ 字段的"平均值"复选框，单击"确定"，返回"步骤 5"窗口，然后单击"下一步"按钮，进入"步骤 6"窗口。

　　⑧ 在"步骤 6"窗口中修改报表标题为"学生成绩表"，并选择"保存报表并在'报表设计器'中修改报表"，单击"完成"按钮，保存文件名为"学生成绩表"。

　　⑨ 在打开的"报表设计器"窗口中，如图 10-14 所示，更改控件布局，并执行"文件"→"打印预览"菜单命令，打开"预览"窗口(图 10-15)。

　　⑩ 关闭"预览"窗口，返回"报表设计器"窗口，单击工具栏上的"保存"按钮，保存文件。

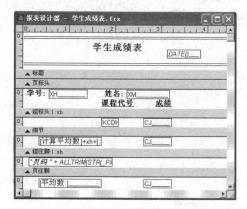

图 10-14　"学生成绩表"的"报表设计器"窗口

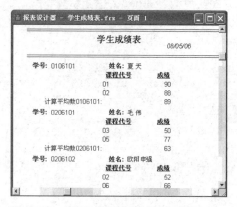

图 10-15　"学生成绩表"的"打印预览"窗口

3. 练习使用"快速报表"功能，根据表 kc 建立报表"课程一览表"。

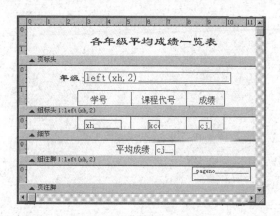

图 10-16　"报表设计器"窗口

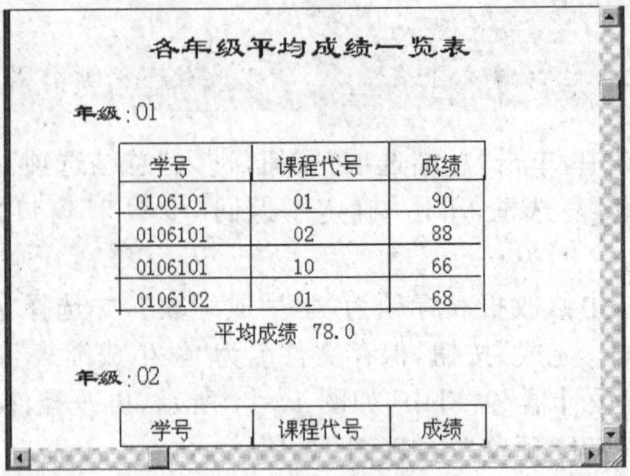

图 10-17 "浏览"窗口

第11章 菜单设计

本章基本要求：

1. 理论知识

- 掌握菜单的基本构成。
- 掌握菜单的种类以及各类菜单的建立方法。
- 掌握为菜单项指定任务、定义热键和快捷键的方法以及设置启用和废止菜单项的方法。
- 了解菜单系统相关属性的设置以及公共过程代码的定义。
- 掌握运行菜单文件的方法。

2. 上机操作

- 会使用菜单设计器创建和修改普通菜单、表单菜单和快捷菜单。
- 掌握菜单程序的生成和运行，会恢复系统菜单。

11.1 知识要点

11.1.1 菜单的组成

Visual FoxPro 支持两种类型的菜单，即条形菜单和弹出式菜单。菜单系统一般是一个下拉式菜单，它由一个条形菜单和一个弹出式菜单组成。

11.1.2 菜单的设计

1. 下拉式菜单的设计

菜单设计器用于下拉式菜单的设计，其中需要掌握和注意的问题如下：

（1）菜单项的插入、删除

单击"菜单设计器"中的"插入"和"删除"按钮，可以插入新菜单项或者删除被选中的菜单项。

（2）下级菜单的建立

在"菜单设计器"中的"结果"栏中选择"子菜单"即可进入下级菜单的设计。

（3）为菜单项创建命令或者过程

在"菜单设计器"中的"结果"栏中选择"命令"，并且输入相关的命令，那么在运行菜单文件后，单击该菜单项时会执行这条命令；在"菜单设计器"中的"结果"栏中选择"过程"，并且在"过程"编辑窗口中输入相关内容，则在运行菜单文件后，单击该菜单项时会执行该过程。

（4）分组线的添加

在需要添加分组线的两个菜单项之间插入一个新菜单项，并在"菜单名称"中输入"\-"即可。

（5）热键的设置

在需要设置热键的菜单项的菜单名称中输入"\＜热键名称"即可。如：给"保存"菜单项设置热键"S"，则可以在菜单名称中输入"保存\＜S"。

（6）快捷键的设置、菜单项的废止以及菜单项提示信息的设置

单击菜单项的"选项"按钮，可以打开"提示选项"对话框，进行该菜单项的快捷键的设置、菜单项的废止以及菜单项提示信息的设置等等。

设置快捷键的操作是：在键盘上直接按下设定的快捷键，如：Ctrl＋S，那么，在使用菜单系统时，按 Ctrl＋S 就能执行该菜单命令。

在"跳过"后的文本框中可以输入表达式，若表达式值为.T.，那么该菜单项被废止（显示为灰色），菜单命令无法执行。

如果在"信息"后的文本框中输入包含提示信息的字符串，那么在菜单文件运行后，选中该菜单项时，在状态栏中显示提示信息。

（7）菜单设计器的"常规选项"对话框

在"常规选项"对话框中，可以定义整个下拉式菜单系统的总属性。

① 过程：如果菜单项的"结果"栏设置为"过程"，而又没有定义该过程，则可以在此处编辑过程。

② 位置：用于将系统菜单引入到用户菜单系统时，设置系统菜单和用户菜单的关系。

③ 菜单代码：有"设置"和"清理"两个复选框，都可以用来生成代码。前者在初始化菜单时执行，后者在释放菜单时执行。

2. 为顶层表单添加菜单

为顶层表单添加菜单的步骤如下：

① 用菜单设计器建立下拉式菜单。

② 在菜单设计器的"常规选项"对话框中选中"顶层表单"复选框。

③ 用表设计器建立表单，并将表单的 ShowWindow 属性值设置为 2，使其成为顶层表单。

④ 在表单的 Init 事件代码中，添加调用菜单程序文件的命令，一般可写为：

DO ＜菜单文件名.mpr＞ WITH THIS,.T.

3. 建立快捷菜单

建立快捷菜单的主要步骤如下：

① 打开"快捷菜单设计器"窗口，设计快捷菜单，生成菜单程序文件。

> **提示：**
> 在快捷菜单的"清理"代码中，可以添加清除菜单的命令，使得在关闭表单时能同时清除菜单。具体命令是：RELEASE POPUPS ＜快捷菜单名.mpr＞［EXTENDED］。

② 在表单设计器中选定需要添加快捷菜单的对象。

③ 在选定对象的 RightClick 事件中，添加调用快捷菜单程序文件的代码：

DO ＜快捷菜单文件名.mpr＞

4. 执行"快速菜单"命令建立菜单

快速菜单是在 VFP 系统菜单的基础上，添加用户所需的菜单项，从而快速方便地形成满足用户要求的菜单系统。建立步骤是：

① 打开"菜单设计器"窗口，选择"菜单"菜单项中的"快速菜单"。

② 在菜单设计器中设计菜单。

③ 保存并生成菜单程序文件。

11.1.3 菜单文件的运行

在菜单设计器中建立的菜单被存为.mnx 文件和.mnt 文件，必须经过"生成"形成.mpr 文件后才可以运行。运行菜单文件的命令是：

DO ＜菜单文件名.mpr＞

> **注意：**
> 运行菜单文件时，命令中的文件后缀名不可省略。

11.1.4 菜单的清除

在退出当前系统时，需要同时清除菜单，释放菜单所占用的空间。命令格式如下：

RELEASE MENU ＜菜单名＞［EXTENDED］

其中的 EXTENED 表示在清除条形菜单时一起清除下属的子菜单。

11.1.5 系统菜单的设置

（1）将当前的菜单系统恢复成默认配置

SET SYSMENU TO DEFAULT

（2）将当前的菜单系统指定为默认配置

SET SYSMENU SAVE

（3）将系统菜单的默认配置恢复成 VFP 系统菜单的标准配置

SET SYSMENU NOSAVE

11.2 经典例题

11.2.1 选择题

【例 11-1】 在菜单设计器中设计好的菜单在保存时产生的文件有_____。

A）.scx 和.sct 文件   B）.mnx 和.mpr 文件

C）.frx 和.frt 文件   D）.mnt 和.mnx 文件

答案：D

【解析】 本题主要考核菜单文件的后缀名。.scx 和.sct 是表单文件后缀名，.frx 和.frt 是报表文件后缀名，.mpr 文件是经过生成后产生的菜单程序文件，而设计好的菜单在保存时产生的是后缀名为.mnt 和.mnx 的文件。

【例 11-2】 为表单创建了一个快捷菜单，要打开这个菜单，应当_____。

A）用快捷键   B）用事件

C）用菜单   D）用热键

答案：B

【解析】 快捷菜单是一个弹出式菜单，一般从属于某一个对象，当用鼠标右击该对象时，就会在右击处弹出快捷菜单。所以打开快捷菜单应当用事件，通常是"RightClick"事件。

【例 11-3】 要使"文件"菜单项可以用"F"作为热键，菜单标题可以定义为_____。

A）文件(F)   B）文件(\<F)

C）文件(<\F)   D）文件(ˆF)

答案：B

【解析】 本题考核热键的设置方法。

【例 11-4】 如果要将菜单附加到一个表单上，则_____。

A）表单必须是顶层表单，并在表单的 init 事件中调用菜单程序

B）表单必须是顶层表单，并在表单的 load 事件中调用菜单程序

C）只需要在表单的 init 事件中调用菜单程序

D）只需要在表单的 load 事件中调用菜单程序

答案：A

【解析】 要将菜单附加到一个表单上，必须首先设置"常规选项"对话框中的"顶层表单"复选框为"选中"状态，设置表单的 ShowWindow 属性为"2-作为顶层表单"，并在表单的 Init 事件中添加代码。

【例 11-5】 某条命令需要在菜单释放时执行，则该命令应该写在菜单的_____。

A）菜单项的命令代码中　　　B）清理代码中

C）设置代码中　　　　　　　D）菜单项的过程代码中

答案：B

【解析】　清理代码在菜单释放时执行，设置代码在初始化菜单时执行，菜单项的命令代码和过程代码都是在执行该菜单项时执行。

【例 11-6】　所谓快速菜单是_____。

A）基于 VFP 系统菜单，添加用户所需的菜单项后形成的菜单

B）运行速度较一般菜单快的一种菜单

C）"快捷菜单"的别称

D）其中的每一个菜单项都有快捷键的一种菜单

答案：A

【解析】　"快速菜单"建立在 VFP 系统菜单的基础上，用户只需添加所需的菜单项即可；而"快捷菜单"是一种弹出式菜单，通常当用户在某个特定对象上右击鼠标时出现。

11.2.2　填充题

【例 11-7】　如果要为菜单栏下的各子菜单项设置分组线，则应该在设置分组线的两个菜单项之间添加一个菜单项_____。

答案：\-

【解析】　本题考核分组线的设置方法。

【例 11-8】　某菜单项的功能是：执行该菜单时能关闭 VFP 系统，则该菜单项中应设置命令_____。

答案：QUIT

【解析】　QUIT 命令可以退出 Visual FoxPro 系统，SET SYSMENU TO DEFAULT 命令可以将当前菜单系统恢复为系统菜单。

【例 11-9】　某菜单项的功能是：执行该菜单项时，选择学生（XS）表为当前表（若未打开，先打开），并浏览。此菜单项的"结果"一栏应选择 ____①____，具体代码是：____②____。

答案：①过程

```
② IF ！USED(XS)
      USE XS
ELSE
      SELECT XS
ENDIF
BROWSE
```

【解析】　本题考核如何为菜单项指定功能。菜单项的"结果"一栏中有四个选项：命令、过程、子菜单和填充名称，此处应该选择"过程"，并在过程编辑窗口中输入代码。

【例 11-10】　在 VFP 中，将用户菜单恢复成 VFP 系统默认菜单的命令是_____。

答案：SET SYSMENU TO DEFAULT

【解析】 SET SYSMENU 命令可以允许或者禁止在程序执行时访问系统菜单,也可以重新配置系统菜单。SET SYSMENU TO DEFAULT 可以将当前的菜单系统恢复成 VFP 系统默认的菜单系统,SET SYSMENU TO 将屏蔽系统菜单,使系统菜单不可用。

【例 11-11】 用户设计菜单系统时,既可通过菜单设计器实现,也可 _____ 实现。

答案:编程

【解析】 定义条形菜单的命令是 DEFINE MENU,定义条形菜单菜单项的命令是 DEFINE PAD,定义弹出式菜单的命令是 DEFINE POPUP,定义弹出式菜单菜单项的命令是 DEFINE BAR。

11.3 上 机 操 作

实验　创建菜单

【实验目的】

- 掌握菜单设计器创建和修改菜单的方法。
- 掌握创建快捷菜单的方法。
- 掌握创建表单菜单的方法。

【实验准备】

1. 复习有关菜单的概念以及菜单创建的命令和方法。
2. 启动 VFP 6.0 系统。
3. 设置默认工作目录。

【实验内容和步骤】

1. 设计系统菜单,系统功能模块如图 11-1 所示。

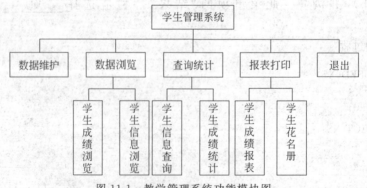

图 11-1　教学管理系统功能模块图

(1)打开菜单设计器

① 打开项目 jxgl,在"项目管理器"中单击"其他"选项卡,选择"菜单",单击"新建"按钮,打开"新建菜单"对话框。

② 在"新建菜单"对话框中,单击"菜单"按钮,打开菜单设计器。

（2）设计菜单

① 在"菜单设计器"窗口中,如图 11-2 所示,在菜单栏中输入菜单名称,同时设置菜单命令的热键;单击"数据维护"菜单项的"结果"栏,在弹出的下拉列表框中选择"命令",在命令接收框中输入命令：DO FORM 学生信息维护.scx;用同样方法设置"退出"菜单项的"结果"栏为"过程",然后单击"创建"按钮,打开"过程编辑"窗口,输入过程代码如下：SET SYSMENU TO DEFA。

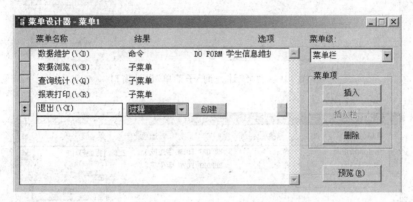

图 11-2　"主菜单"设计窗口

② 在"菜单设计器"窗口中,选择"数据浏览"菜单项,单击"创建"按钮,进入下一级菜单设计窗口,设计界面如图 11-3 所示。

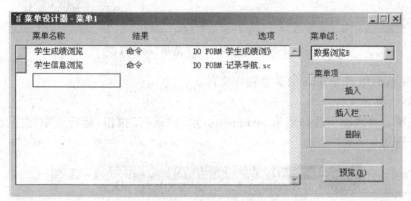

图 11-3　"'数据浏览'子菜单"设计窗口

③ 单击"菜单级"下拉列表框,选择"菜单栏",返回如图 11-2 所示的"主菜单"设计窗口,按照步骤②所述方法,如图 11-4 所示,设计"查询统计"子菜单。

④ 如图 11-5 所示,设计"报表打印"子菜单,然后返回"主菜单"设计窗口。

⑤ 单击"预览"按钮,或者选择"菜单"→"预览"菜单命令,查看菜单效果。

⑥ 执行"文件"→"保存"菜单命令,打开"另存为"对话框,将文件保存为 mainmenu.mnx。

（3）生成菜单文件

选择"菜单"→"生成"菜单命令,弹出"生成菜单"对话框,单击"生成"按钮,在默认工

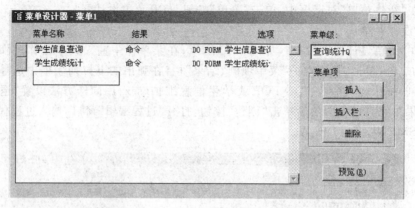

图 11-4 "'统计查询'子菜单"设计窗口

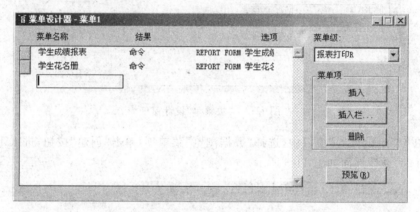

图 11-5 "'报表打印'子菜单"设计窗口

作目录中生成后缀名为 mpr 的菜单程序文件。

（4）运行菜单文件

① 在项目管理器中选择菜单 mainmenu，单击"运行"按钮，运行菜单程序文件，结果如图 11-6 所示。

图 11-6 系统菜单运行结果

② 执行菜单中的菜单命令，查看运行结果。

③ 执行主菜单中的"退出"命令，将菜单恢复为 VFP 系统默认的系统菜单。

④ 关闭菜单设计器。

（5）修改菜单 mainmenu

① 在命令窗口中输入并执行命令：MODIFY MENU mainmenu，打开菜单设计器。

② 选择菜单项"数据维护"，单击"选项"按钮，打开"提示选项"对话框。

③ 在"提示选项"对话框中，如图 11-7 所示，单击"键标签"文本框，同时按下 Ctrl 键和字母 D 键，设置"数据维护"菜单项的快捷键为 Ctrl＋D，单击"确定"按钮，回到"主菜

单"设计窗口。

④ 单击"统计查询"菜单的"编辑"按钮,进入下一级菜单编辑窗口,单击"插入栏"按钮,打开"插入系统菜单栏"对话框(图 11-8),选择"查询(Q)",单击"插入"按钮,在"统计查询"子菜单中添加了"查询"菜单项(图 11-9)。

图 11-7 "提示选项"对话框　　　　　图 11-8 "插入系统菜单栏"对话框

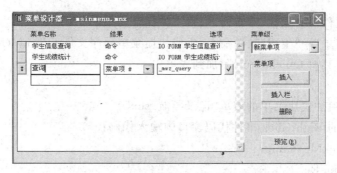

图 11-9 添加"查询"菜单项

⑤ 继续单击"插入"按钮,在"查询"菜单项和"学生成绩统计"菜单项之间出现一个新菜单项,将新菜单项的菜单名更新为"\-",实现菜单分组(图 11-10)。

图 11-10 添加分组菜单项

⑥ 保存并重新生成菜单程序文件。

⑦ 在命令窗口输入命令：DO mainmenu. mpr，运行菜单。

2. 快捷菜单的创建和使用

（1）创建快捷菜单

步骤如下：

① 在"项目管理器"中选择"菜单"，单击"新建"按钮，在弹出的"新建菜单"对话框中选择"快捷菜单"，进入快捷菜单设计器。

② 在快捷菜单设计器中，如图 11-11 所示，输入菜单名称，编辑菜单项的过程代码。

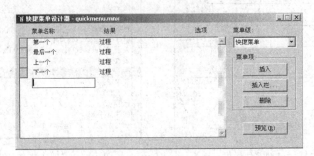

图 11-11 "快捷菜单设计器"窗口

③ 执行"文件"→"保存"菜单命令，将文件保存为 QuickMenu. mnx。

④ 执行"菜单"→"生成"菜单命令，生成快捷菜单程序文件 QuickMenu. Mpr。

（2）将快捷菜单 QuickMenu 附加到表单中

步骤如下：

① 打开要附加快捷菜单的表单"记录导航. scx"。

② 在表单的 RightClick 事件代码窗口中输入代码：

DO QuickMenu. mpr

Thisform. Refresh

③ 保存并运行修改后的表单，右击鼠标，查看快捷菜单的执行效果（图 11-12）。

图 11-12 "快捷菜单"运行界面

3. 创建表单菜单

建立表单菜单，是指在顶层表单上添加菜单，具体操作步骤如下：

（1）建立用于表单菜单的菜单文件

① 在命令窗口中执行命令：MODIFY MENU mainmenu. mnx，打开菜单设计器。

② 执行"显示"→"常规选项"菜单命令，弹出"常规选项"对话框，选中右下角的"顶层
表单"复选按钮，如图 11-13 所示。

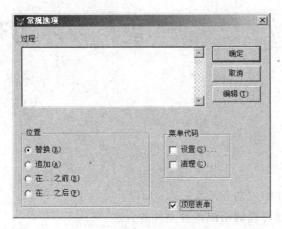

图 11-13 "常规选项"对话框

③ 将文件另存为 FormMenu. mnx，并执行"菜单"→"生成"菜单命令，生成菜单程序
文件 FormMenu. mpr。

（2）创建表单菜单

① 在项目 jxgl 中新建表单，要求将 Caption 属性设为"教学管理系统"，
ShowWindow 属性设置为"2-作为顶层表单"，再编写表单的 Init 事件代码如下：

Do FormMenu. mpr WITH THIS，. T.

② 将表单文件保存为"表单菜单. SCX"。

③ 运行表单文件，查看菜单的执行效果。

第12章 应用程序的开发

本章基本要求:

1. 理论知识

- 了解应用程序的规划和开发过程。
- 掌握利用项目管理器组织各种文件的方法。
- 掌握主程序文件的编写方法。
- 掌握连编应用程序的命令和方法。

2. 上机操作

- 熟练使用项目管理器创建、添加、修改和删除文件。
- 掌握在项目管理器中为文件添加说明信息的方法。
- 掌握文件包含和排除的设置方法。
- 掌握主文件的设置和取消的方法。
- 掌握项目的连编方法。

12.1 知识要点

12.1.1 应用程序的开发过程

学习前面各章的最终目的是构造一个具有一定数据管理功能的应用系统,其开发的一般步骤是:

(1) 系统调研

了解用户需求,弄清用户需要解决什么问题。

(2) 系统设计

根据用户要求,进行系统的规划和设计。包括数据库设计、菜单设计、表单设计以及报表输出设计等等。

(3) 系统开发

根据系统设计的要求,采用有关的开发工具开发应用程序,实现系统设计目标,并编写相关文档。

（4）系统的调试与维护

对开发而成的应用程序调试运行，排除错误，不断完善其功能。

12.1.2 系统实现的具体步骤

1. 建立应用程序目录结构

一个实用的数据库应用系统包含了数据文件、表单文件、菜单文件、报表和主程序文件等诸多内容，应该根据文件的类型建立一个层次清晰的目录结构。

首先建立一个文件夹，在文件夹中建立 DATA、FORMS、MENU、REPORT 等子文件夹，分别存放数据文件、表单文件、菜单文件以及报表文件。

2. 利用项目管理器组织文件

利用项目管理器组织文件的方法是：首先创建一个项目，然后在项目管理器中新建文件或者将已有的、系统需要的文件添加到项目中。

3. 连编应用程序

（1）设置文件的"包含"和"排除"

连编之后，项目中的有些文件允许被用户修改，应将其设置为"排除"，而有些文件不允许被用户修改，应将其设置为"包含"。

一般而言，表单、菜单、报表、查询以及应用程序应设置成"包含"，而数据文件应设置成"排除"。

（2）主程序文件的编写

主文件是整个应用程序的入口点，菜单文件、表单文件、程序文件甚至查询文件都可以被设置为主文件。但是编写一个专门的程序作为主文件是常用的方法。

主程序通常包括以下功能：

① 初始化运行环境。

② 调用菜单或表单建立初始的用户界面。

③ 加入 READ EVENTS 命令启动事件循环。

④ 系统退出时恢复运行环境设置。

（3）主文件的设置

设置主文件的方法是：在项目管理器中选择要设置为主文件的文件后，右击鼠标，在弹出的快捷菜单中单击"设置主文件"命令。

（4）编写说明信息

在项目管理器中可以编写项目信息，也可以为其他文件编写说明。

（5）连编项目

生成应用程序的最后一步是"连编"，"连编"将项目中所有被包含的文件集成为一个应用程序文件。

连编项目的命令是：

BUILD PROJECT <项目文件名>

将项目连编成应用程序文件的命令是：

BUILD APP <应用程序名> FROM <项目文件名>

将项目连编成可执行文件的命令是：

BUILD EXE <可执行文件名> FROM <项目文件名>

4. 运行应用程序

运行应用程序的命令是：DO <程序文件名>。

12.2 经 典 例 题

12.2.1 选择题

【例 12-1】 作为整个应用程序入口点的主程序文件至少应具有以下功能_____。

A）初始化环境

B）初始化环境，显示初始的用户界面

C）初始化环境，显示初始的用户界面，控制事件循环

D）初始化环境，显示初始的用户界面，控制事件循环，退出时恢复环境

答案：D

【解析】 "初始化环境，显示初始的用户界面，控制事件循环，退出时恢复环境"是主程序文件的基本功能。

【例 12-2】 下面关于运行应用程序的说法正确的是_____。

A）.app 文件可以在 Visual FoxPro 和 Windows 环境下运行

B）.exe 文件只能在 Windows 环境下运行

C）.exe 文件可以在 Visual FoxPro 和 Windows 环境下运行

D）.app 文件只能在 Windows 环境下运行

答案：C

【解析】 .app 应用程序文件只能在 Visual FoxPro 环境下运行；.exe 文件既可以在 Windows 环境下通过双击文件图标运行，也可以在 Visual FoxPro 的命令窗口中用 DO 命令执行。

【例 12-3】 把一个项目编译成一个应用程序时，下面的叙述正确的是_____。

A）所有的项目文件将组合为一个单一的应用程序文件

B）项目中所有的包含文件将组合为一个单一的应用程序文件

C）项目中所有的排除文件将组合为一个单一的应用程序文件

D）由用户选定的项目文件将组合为一个单一的应用程序文件

答案：B

【解析】 将一个项目编译成一个应用程序时,项目中设置为"包含"的文件将组合为一个应用程序文件。

【例 12-4】 关于"包含"和"排除",下列说法中错误的是_____。

A) 在项目连编后,在项目中设置为"包含"的文件不能被修改

B) 不能将数据库文件设为"包含"

C) 新添加的数据库文件名左侧有符号 φ

D) 被指定为主文件的文件不能设置为"排除"

答案:B

【解析】 在项目中设置为"包含"的文件不能被修改,设置为"排除"的文件允许被修改。一般情况下,数据文件是经常需要被修改的,所以新添加的数据库文件被设置为"排除",但有时有一些特殊的数据文件不允许被修改,所以就需要将其设置为"包含"。项目中的主文件是只读文件,所以不能设为"排除"。综上所述,答案是 B。

【例 12-5】 一个项目中可以设置_____个主文件。

A) 1 个   B) 两个

C) 3 个   D) 任意个

答案:A

【解析】 一个项目中的主文件有且仅有一个。

【例 12-6】 通过连编,不能生成的文件是_____。

A).exe 文件   B).dll 文件

C).prg 文件   D).app 文件

答案:C

【解析】 根据"连编选项"对话框中的设置,项目可以连编成.exe 文件、.dll 文件和.app 文件,但不能生成.prg 文件。

12.2.2 填充题

【例 12-7】 在主程序的设计过程中,需要建立一个事件循环,用于启动事件循环的命令是_____。

答案:READ EVENTS

【解析】 本题考核启动事件循环的方法。结束事件循环的命令是 CLEAR EVENTS。

【例 12-8】 在连编后的应用程序中,如果文件是只读的,应将该文件设置为_____。

答案:包含

【解析】 本题考核"包含"和"排除"的概念。在项目连编后,设置为"包含"的文件是只读的,而设置为"排除"的文件是允许被修改的。

【例 12-9】 要从项目文件 myproject 连编可执行文件 mycommand 的命令是_____。

答案:BULID EXE mycommand FROM myproject

【解析】 本题考核 VFP 中连编可执行文件的命令。注意：切勿把项目文件名和可执行文件名的位置弄错。

【例 12-10】 连编项目 myproject. pjx,可在命令窗口执行命令：_____。

答案：BULID PROJECT myproject. pjx

【解析】 此命令对应于"重新连编项目"操作。通过重新连编项目,系统对程序中的引用进行校验,同时检查所有的程序组件是否可用。连编项目后,如果没有显示错误信息,则可进一步连编应用程序。

12.3 上 机 操 作

实验 12.1 应用程序的集成

【实验目的】

- 掌握应用程序集成的一般步骤和方法。
- 掌握主程序文件的编写和设置方法。
- 掌握使用项目管理器进行系统连编的方法。

【实验准备】

1. 复习有关应用系统集成的内容。
2. 准备好前面实验所创建的项目、数据库、表以及相关表单、报表和菜单等。
3. 启动 Visual FoxPro 6.0 系统,并设置默认工作目录。

【实验内容和步骤】

1. 建立主程序文件,并将其设置为程序的运行起点

(1) 在项目中新建程序文件 main. prg

① 打开项目 jxgl,在项目管理器中,选择"程序",单击"新建"按钮,打开程序编辑窗口。

② 在程序编辑窗口中输入以下代码：

```
&& 初始化运行环境
_Screen. windowstate=2
_Screen. caption="教学管理系统"
_Screen. maxbutton=. f.
_Screen. minbutton=. f.
Close All
Clear All
Set Sysmenu Off
Set Sysmenu To
Set Talk Off
```

```
Set Delete On
Set Exact Off
Set Safety Off
Set Status Bar Off
&& 调用表单建立初始用户界面
Do Form A:\教学管理\欢迎.SCX
&& 启动事件循环
Read Events
&& 恢复运行环境
Set Sysmenu To Default
Close All
Clear All
Return
```

（2）设置主文件

在项目管理器中，选中程序文件 main. prg，右击鼠标，在弹出的快捷菜单中，选择"设置主文件"，此时文件名以黑体显示。

2. 编辑说明信息

（1）编辑项目信息

① 选择"项目"→"项目信息"菜单命令，打开"项目信息"对话框，选择"项目"选项卡，填写相关内容。

② 单击"确定"按钮，结束编辑。

（2）编辑说明信息

① 在项目管理器中，选择报表文件"学生花名册"，右击鼠标，在弹出的快捷菜单中单击"编辑说明"，打开"说明"对话框，输入说明信息"按专业分组"。

② 单击"确定"按钮，结束编辑。

3. 修改菜单文件 formmenu

① 在项目管理器中，打开菜单文件 formmenu，修改"退出"过程代码为：

```
Choice= MessageBox ("确认退出系统吗?",1+48)
If Choice=1                  && 若选择确定,则退出系统
  Clear Events               && 结束事件循环
  Close All
  Clear All
  Release All
Endif
```

② 保存并重新生成菜单程序文件。

4. 修改表单文件"登录.scx"

在项目管理器中，打开表单文件"登录. scx"，修改"登录"按钮的 Click 事件代码为：

```
Locate For username= Alltrim(Thisform. Text1. Value)
If Found()
     IF userkey=alltrim(ThisForm. Text2. Value)
          ThisForm. Release
          Do Form 表单菜单
     Else
          MessageBox("密码错误,登录失败")
          ThisForm. Text2. Value=""
     Endif
Else
     MessageBox("用户名不存在,登录失败")
     ThisForm. Text1. Value=""
     ThisForm. Text2. Enabled=. f.
Endif
```

5. 连编应用程序

① 在项目管理器中,单击"连编"按钮,弹出
"连编选项"对话框(图 12-1),选择"重新连编项
目",单击"确定"按钮。

② 如果连编项目未显示错误信息,再次单
击"项目管理器"窗口中的"连编"按钮,在"连编
选项"对话框中选择"连编应用程序",单击"确
定"按钮。

③ 在弹出的"另存为"对话框中输入文件
名:jxgl,单击"确定"按钮。

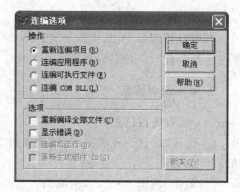

图 12-1 "连编选项"

6. 运行应用程序

双击应用程序文件的图标或者在命令窗口中输入:DO jxgl,运行程序,查看效果。

> 试一试:
>
> 用 VFP 命令将项目文件连编成可执行文件,并运行。

实验 12.2   大作业——教务管理系统的开发

【实验目的】

- 掌握系统的规划和设计。
- 熟练运用 VFP 中的各种工具创建数据库、数据表以及报表、菜单等各类文件。
- 完成常用功能表单的设计。
- 掌握使用项目管理器组织文件的方法。
- 掌握项目的连编。

【实验准备】

1. 系统功能分析

教务管理系统主要实现以下功能:

- 通过"系统维护"菜单实现数据表记录的维护、数据表结构的修改、系统口令的更改、表单的修改。
- 通过"浏览"菜单实现对学生表、课程表和成绩表的总浏览和相关统计信息的浏览。
- 通过"查询"菜单实现对学生和成绩的各种查询。
- 通过"报表"菜单实现学生、课程和成绩的打印输出。
- 通过"退出"菜单退出本系统。

2. 系统组成分析

(1) 数据库组成
- 数据表

学生表(5 个字段:xh,xm,xb,csrq,bj),其中有 4 个班级各有 5 名学生记录。

课程表(4 个字段:kch,kcm,js,xf),其中有 4 门课程的记录。

成绩表(3 个字段:xh,kch,cj),其中有 80 条学生成绩的记录。

- 本地视图

基于以上三张表创建,输出字段为:xh,xm,xb,bj,kcm,cj。

(2) 查询组成

包括查询学生、按班级查询成绩、按课程查询成绩。

(3) 表单组成

- 主界面表单:系统主界面。
- 学生表单:对数据表 xs 进行记录的修改、删除、增加、查看等操作。
- 课程表单:对数据表 kc 进行记录的修改、删除、增加、查看等操作。
- 成绩表单:对数据表 cj 进行记录的修改、删除、增加、查看等操作。
- 浏览学生表单:以页面形式将学生表的内容按班级分组显示,以便阅览。第 1 页为全体学生概况,第 2 页为各班学生情况。
- 浏览成绩表单:以页面形式将成绩表的内容按班级和课程分组显示,以便阅览。第 1 页为全体学生成绩概况,第 2 页为按班级显示学生各门课的成绩情况,第 3 页为按课程显示各班学生的成绩情况。
- 系统信息表单:用于登录系统。
- 设置口令表单集:用于输入授权修改口令。
- 修改表单界面:用于修改登录口令。

(4) 菜单组成

主菜单由系统维护、浏览、查询、报表、帮助、退出 6 项组成。

(5) 报表组成

学生一览表、课程一览表、成绩一览表(可按课程分类和按学号分类)。

（6）程序组成

主程序、统计全体学生概况、按班级统计学生概况、统计全体成绩概况、按班级统计各门课的成绩、按课程统计各班学生的成绩。

（7）自由表组成

密码表、系统信息表。

3. 系统开发准备

（1）创建工作文件夹用于保存开发过程中产生的文件。

（2）创建项目。

【实验内容和步骤】

1. 数据库设计

（1）数据库

在项目管理器的"数据"选项卡中，新建数据库，名称为 test.dbc。

（2）数据库表

在 test 数据库中建立 3 张数据库表 xs、kc 和 cj。表结构和索引见表 12-1 和表 12-2。

表 12-1　数据表结构

表名	字段名	字段类型和宽度	字段规则与说明	默认值	标题
学生表 xs	Xh	C(8)		81991001	学号
	Xm	C(8)			姓名
	Xb	C(2)	性别只能是男或女	女	性别
	Csrq	D	年龄在 18 到 22 岁之间		出生日期
	Bj	C(10)			班级
课程表 kc	Kch	C(4)			课程号
	Kcm	C(20)			课程名
	Js	C(8)			教师
	Xf	N(3,1)	学分大于 0	1	学分
成绩表 cj	Xh	C(8)			学号
	Kcm	C(20)			课程名
	Cj	N(5,1)	成绩大于等于 0 且小于等于 100	60	成绩

表 12-2　数据表的索引

数据表名	索引名	索引类型	索引表达式
学生表 xs	No	主索引	Xh
	Name	普通索引	Xm

数据表名	索引名	索引类型	索引表达式
课程表 kc	Sub_No	主索引	Kch
	Sub_Name	普通索引	Kcm
成绩表 cj	Student	主索引	Xh＋Kch＋STR(Cj,4,1)
	Mark	普通索引	Cj

建立学生表与成绩表、课程表与成绩表的关联,关键字分别为 xh 字段和 kch 字段。

（3）本地视图

在 test 数据库中建立本地视图 xscj,该视图包括如下字段:

① xs 表：xh、xm、xb、bj。

② kc 表：kcm。

③ cj 表：cj。

（4）自由表

在项目管理器的“数据”选项卡中,新建两张自由表:密码表和授权密码表,表结构见表 12-3 和表 12-4。

表 12-3　密码表 passw. dbf 表结构

字段名	数据类型	字段宽度	小数位数	标题
password	字符型	6	—	密码
changedate	日期型		—	修改日期

表 12-4　授权密码表 pass. dbf 表结构

字段名	数据类型	字段宽度	小数位数	标题
Pass	字符型	6	—	授权密码

2. 表单设计

（1）主界面（图 12-2）

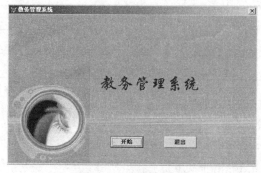

图 12-2　系统主界面

① 设置表单属性如表 12-5 所示。

表 12-5 主界面表单属性设置

属性名	属性值	属性名	属性值
Name	Form1	AutoCenter	.T.
Caption	教务管理系统	Width	400
Picture	Sj128.bmp(用户可自选图形)	MinButton	.F.
Height	300	WindowState	0
MaxButton	.F.	Closable	.F.
WindowType	0		

② 设置表单控件如表 12-6 所示。

表 12-6 控件属性设置

控件名	属性名	属性值	
Command1	Name	Command1	
	Caption	开始	
Command2	Name	Command2	
	Caption	确定	
	Visible	.F.	
Command3	Name	Command3	
	Caption	退出	
Text1	Name	Text1	
	PasswordChar	*	
	Visible	.F.	
Label1	Name	Label1	
	Caption	教务管理系统	Fontsize 28 Fontname 隶书
Label2	Name	Label2	
	Caption	请输入口令：	
	Visible	.F.	

③ 在表单的数据环境中添加表 passw.dbf。

④ 编写事件代码。

Command1 的 Click 事件：

THISFORM.LABEL1.VISIBLE=.F.

THISFORM.LABEL2.VISIBLE=.T.   &.& 隐藏 label1，显示 label2

```
THISFORM. TEXT1. VISIBLE=. T.              && 在表单上显示 text1,用来输入口令
Thisform. Text1. setfocus
THISFORM. COMMAND1. VISIBLE=. F.
THISFORM. COMMAND2. VISIBLE=. T.           && 隐藏开始按钮,显示确定按钮
```

Command2 的 Click 事件:

```
IF ALLTRIM(THISFORM. TEXT1. VALUE)=passw. password
DO 主菜单. MPR
THISFORM. RELEASE
ELSE
MessageBox("口令不对,您无权使用本系统!", 0+16+0, "设置口令")
THISFORM. REFRESH
ENDIF
```

Command3 的 Click 事件:

```
CLEAR EVENTS
SET SYSMENU TO DEFA
THISFORM. RELEASE
```

(2) 基本表单的设计——表单 xs. scx、kc. scx 和 cj. scx

这 3 张表单用于对数据表的维护,通过这 3 个表单对 3 个基本数据表进行记录的修改、删除、增加、查看等操作。

设计时可先利用表单向导生成基本表单,再在表单设计器中进行适当修改,制作成满意的样式。

(3)"浏览学生"表单的设计

① 表单的组成对象。

本表单由一个包含两个页面的页框组成,主要用来浏览学生表中的统计信息。

在表单设计器中利用页框控件生成两个页面,第 1 页设计 8 个标签和 7 个文本框,并在其 Activate 过程中调用程序 sumstud. prg;第 2 页设计 5 个标签、3 个文本框、一个组合框、一个表格,在组合框的 InteractiveChange 过程中调用程序 clastud. prg 和查询 student. qpr。

• 表单的主要属性(表 12-7)

表 12-7　表单主要属性

属性名	属性值	属性名	属性值
Name	Browsxs	AutoCenter	. T.
Caption	浏览学生情况		

• 页框的主要属性(表 12-8)

表 12-8　页框主要属性

属性名	属性值	属性名	属性值
Name	Pageframe1	Page2. Name	Page2
Pagecount	2	Page1. Caption	全体学生概况
Page1. Name	Page1	Page2. Caption	各班学生基本情况

表单运行界面如图 12-3 和图 12-4 所示。

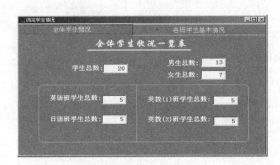

图 12-3　页面 1

图 12-4　页面 2

页面 2 中组合框的主要属性为：

Name = "Combo1"

RowSourceType = 1

RowSource = "99 英语,99 日语,99 英教 1,99 英教 2"

② 事件代码。

PageFrame1 中 Page1 的 Activate 事件：

```
DO SUMSTUD. PRG
&.& 将 SUMSTUD 程序的计算结果显示在对应文本框中
THISFORM. PAGEFRAME1. PAGE1. TEXT1. VALUE=S1
THISFORM. PAGEFRAME1. PAGE1. TEXT2. VALUE=S2
THISFORM. PAGEFRAME1. PAGE1. TEXT3. VALUE=S3
```

THISFORM. PAGEFRAME1. PAGE1. TEXT4. VALUE = S4

THISFORM. PAGEFRAME1. PAGE1. TEXT5. VALUE = S5

THISFORM. PAGEFRAME1. PAGE1. TEXT6. VALUE = S6

THISFORM. PAGEFRAME1. PAGE1. TEXT7. VALUE = S7

Page2 中 Combo1 的 InterActiveChange 事件：

CS1 = THIS. VALUE

DO CLASTUD. PRG

&& 将 CLASTUD 程序的计算结果显示在对应文本框中

THISFORM. PAGEFRAME1. PAGE2. TEXT2. VALUE = CS2

THISFORM. PAGEFRAME1. PAGE2. TEXT3. VALUE = CS3

THISFORM. PAGEFRAME1. PAGE2. TEXT4. VALUE = CS4

DO STUDENT. QPR

③ 程序文件和查询文件。

SUMSTUD. PRG 程序：

该程序的主要作用是统计全体学生概况，包括：学生总数：S1；男生总数：S3；女生总
数：S4；各班学生总数：S2、S5、S6、S7。

```
CLOSE DATA
PUBLIC S1,S2,S3,S4,S5,S6,S7
OPEN DATA test
USE xs
COUNT TO S1
COUNT FOR Xb="男" TO S3
COUNT FOR Xb="女" TO S4
COUNT FOR Bj="99 英教 2" TO S2
COUNT FOR Bj="99 英语" To S5
COUNT FOR Bj="99 英教 1" TO S7
COUNT FOR Bj="99 日语" TO S6
USE
```

CLASTUD. PRG 程序：

该程序的主要作用是根据输入的班级名称 CS1，显示该班学生情况，并统计该班的以
下信息：学生总数：CS2；男生总数：CS3；女生总数：CS4。

```
CLOSE DATA
PUBLIC CS2,CS3,CS4
OPEN DATA test
USE xs
SET FILTER TO BJ=CS1
COUNT TO CS2
COUNT FOR Xb="男" TO CS3
COUNT FOR Xb="女" TO CS4
SET FILTER TO
```

USE

STUDENT. QPR 查询：

SELECT xs. Xh AS 学号，xs. Xm AS 姓名，xs. Xb AS 性别，xs. Csrq AS 出生日期，xs. Bj AS 班级
FROM test！xs
WHERE xs. Bj＝CS1
ORDER BY xs. Xh
INTO TABLE xs1

（4）"浏览成绩"表单的设计
① 表单的组成。
本表单由一个包含 3 个页面的页框组成，主要用来浏览成绩表中的统计信息。
在表单设计器中利用页框控件生成 3 个页面，第 1 页设计 8 个标签和 7 个文本框，并
在其 Activate 过程中调用程序 sumcj. prg；第 2 页设计 5 个标签、3 个文本框、一个组合
框、一个表格，在组合框的 InteractiveChange 过程中调用程序 clacj. prg 和查询 cla_cj.
qpr；第 3 页设计 5 个标签、3 个文本框、一个组合框、一个表格，在组合框的
InteractiveChange 过程中调用程序 subcj. prg 和查询 sub_cj. qpr。

• 表单的主要属性见表 12-9。

表 12-9　表单主要属性

属性名	属性值	属性名	属性值
Name	Browecj	AutoCenter	. T.
Caption	浏览成绩情况		

• 页框的主要属性见表 12-10。

表 12-10　页框主要属性

属性名	属性值	属性名	属性值
Name	PageFrame1	Page3. Name	Page3
Pagecount	3	Page1. Caption	学生成绩概况
Page1. Name	Page1	Page2. Caption	按班级浏览
Page2. Name	Page2	Page3. Caption	按课程浏览

表单运行界面如图 12-5、图 12-6 和图 12-7 所示。
页面 3 中组合框的主要属性为：

Name ＝ "Combo1"
RowSourceType ＝ 1
RowSource ＝ "计算机，英语，体育，大学语文"

② 事件代码
页框 PageFrame1 中 Page1 的 Activate 事件：

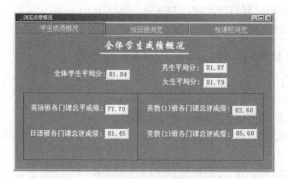

图 12-5　页面 1

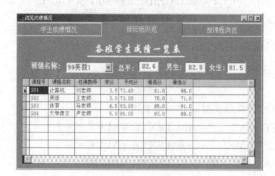

图 12-6　页面 2

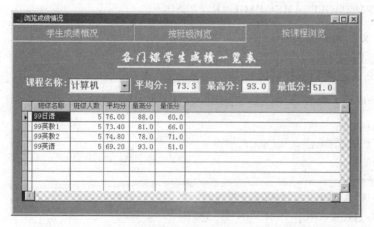

图 12-7　页面 3

```
DO SUMCJ. PRG
&& 将 SUMCJ 程序的计算结果显示在对应文本框中
THISFORM. PAGEFRAME1. PAGE1. TEXT1. VALUE＝C1
THISFORM. PAGEFRAME1. PAGE1. TEXT2. VALUE＝C2
THISFORM. PAGEFRAME1. PAGE1. TEXT3. VALUE＝C3
THISFORM. PAGEFRAME1. PAGE1. TEXT4. VALUE＝C4
THISFORM. PAGEFRAME1. PAGE1. TEXT5. VALUE＝C5
```

```
THISFORM. PAGEFRAME1. PAGE1. TEXT6. VALUE=C6
THISFORM. PAGEFRAME1. PAGE1. TEXT7. VALUE=C7
```

Page2 中组合框 Combo1 的 InterActiveChange 事件：

```
CC1=THIS. VALUE
DO CLACJ. PRG
&& 将 CLACJ 程序的计算结果显示在对应文本框中
THISFORM. PAGEFRAME1. PAGE2. TEXT2. VALUE=CC2
THISFORM. PAGEFRAME1. PAGE2. TEXT3. VALUE=CC3
THISFORM. PAGEFRAME1. PAGE2. TEXT4. VALUE=CC4
DO CLA_CJ. QPR
THISFORM. PAGEFRAME1. PAGE2. GRID1. RECORDSOURCE="class_cj"
THISFORM. PAGEFRAME1. PAGE2. REFRESH
```

Page3 中组合框 Combo1 的 InterActiveChange 事件：

```
SC1=THIS. VALUE
DO SUBCJ. PRG
&& 将 SUBCJ 程序的计算结果显示在对应文本框中
THISFORM. PAGEFRAME1. PAGE3. TEXT2. VALUE=SC2
THISFORM. PAGEFRAME1. PAGE3. TEXT3. VALUE=SC3
THISFORM. PAGEFRAME1. PAGE3. TEXT4. VALUE=SC4
DO SUB_CJ. QPR
THISFORM. PAGEFRAME1. PAGE3. GRID1. RECORDSOURCE="sub_cj"
THISFORM. PAGEFRAME1. PAGE3. REFRESH
```

③ 程序文件和查询文件。

SUMCJ. PRG 程序：

该程序的主要作用是统计全体学生成绩概况,包括:学生总平成绩 C1、男生总平成绩 C3、女生总平成绩 C4、各班学生总平成绩:C2、C5、C6、C7。

```
CLOSE DATA
PUBLIC C1,C2,C3,C4,C5,C6,C7
OPEN DATA test
USE xscj
CALCULATE AVG(Cj) TO C1
CALCULATE AVG(Cj) FOR Xb="男" TO C3
CALCULATE AVG(Cj) FOR Xb="女" To C4
CALCULATE AVG(Cj) FOR Bj="99 英教 2" TO C2
CALCULATE AVG(Cj) FOR Bj="99 英语" TO C5
CALCULATE AVG(Cj) FOR Bj="99 英教 1" TO C7
CALCULATE AVG(Cj) FOR Bj="99 日语" TO C6
USE
```

CLACJ. PRG 程序：

该程序的主要作用是根据输入的班级名称 CC1,统计该班的以下信息:学生平均分

CC2、男生平均分 CC3、女生平均分 CC4,并通过执行查询(cla_cj.qpr)在表格中显示该班
各门课的平均分、最高分、最低分。

```
CLOSE DATA
PUBLIC CC2.,CC3,CC4
OPEN DATA test
USE xscj
SET FILTER TO Bj=CC1
CALCULATE`AVG(Cj) TO CC2
CALCULATE AVG(Cj) FOR Xb="男" TO CC3
CALCULATE AVG(Cj) FOR Xb="女" TO CC4
SET FILTER TO
USE
```

CLA_CJ.QPR 查询:

```
SELECT cj.Kch AS 课程号,kc.Kcm AS 课程名称,kc.Js AS 任课教师,kc.Xf AS 学分,AVG(cj.
Cj) AS 平均分,MAX(cj.Cj) AS 最高分,MIN(cj.Cj) AS 最低分
    FROM test! xs INNER JOIN test! cj INNER JOIN test! kc ON kc.Kch = cj.Kch ON xs.
Xh = cj.Xh
WHERE xs.Bj = CC1
GROUP BY cj.Kch
ORDER BY cj.Kch
INTO TABLE CLASS_CJ.dbf
```

SUBCJ.PRG 程序:

该程序的主要作用是根据输入的课程名称 SC1,统计该课程的以下信息:平均分
SC2、最高分 SC3、最低分 SC4,并通过执行查询(sub_cj.qpr)在表格中显示该课程各班的
平均分、最高分、最低分。

```
CLOSE DATA
PUBLIC SC2,SC3,SC4
OPEN DATA test
USE xscj
SET FILTER TO Kcm=SC1
CALCULATE AVG(Cj) TO SC2
CALCULATE MAX(Cj) TO SC3
CALCULATE MIN(Cj) TO SC4
SET FILTER TO
USE
```

SUB_CJ.QPR 查询:

```
SELECT xs.Bj AS 班级名称,COUNT(xs.Xh) AS 班级人数,AVG(cj.Cj) AS 平均分, MAX(cj.
```

Cj) AS 最高分,MIN(cj. Cj) AS 最低分

FROM test! xs INNER JOIN test! cj INNER JOIN test! kc ON kc. Kch＝cj. Kch ON xs. Xh＝cj. Xh

WHERE kc. kcm ＝ SC1

GROUP BY xs. Bj

ORDER BY xs. Bj

INTO TABLE sub_cj. dbf

（5）口令表单集的设置

① 表单集 FormSet1 的组成。

• 检查密码表单见图 12-8。

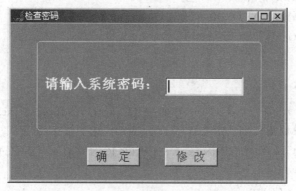

图 12-8　检查密码表单

其主要属性的设置如表 12-11 所示。

表 12-11　表单主要属性

属性名	属性值	属性名	属性值
Name	FormCheck	Width	380
Caption	检查密码	WindowState	0
AutoCenter	. T.	Visible	. T.
Height	210	BackColor	RGB(0,128,128)

形状控件一个,其主要属性为:

Name＝"Shape1",Curvature＝20

文本框控件一个,用来接受所输入的密码,其主要属性为:

Name＝"Text1",PasswordChar＝" * "

标签控件一个,主要属性为:

Name＝"Label1",Caption＝"请输入系统密码:"

命令按钮控件两个,"确定"按钮的功能是调用"修改表单"来修改系统中的所有表单,"修改"按钮的功能是调用"授权修改"表单来修改系统密码,其主要属性分别为:

Visual FoxPro 学习辅导与上机实验

Name="CMDcheckconfirm",Caption="确定"

Name="CMDchange",Caption="修 改"

• 授权修改表单见图 12-9。

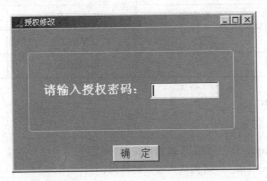

图 12-9　授权修改表单

其主要属性的设置如表 12-12 所示。

表 12-12　表单主要属性

属性名	属性值	属性名	属性值
Name	Formaw	Width	380
Caption	授权修改	WindowState	0
AutoCenter	.T.	Visible	.F.
Height	210	BackColor	RGB(0,64,64)

形状控件一个,主要属性为:

Name="Shape1",Curvature=20

文本框控件一个,用来接受所输入的密码,其主要属性为:

Name="Text1",PasswordChar="*"

标签控件一个,主要属性为:

Name="Label1",Caption="请输入授权密码:"

命令按钮控件一个,其功能是调出修改密码表单,主要属性为:

Name="CMDawconfirm",Caption="确定"

• 修改密码表单如图 12-10。

其主要属性的设置如表 12-13 所示。

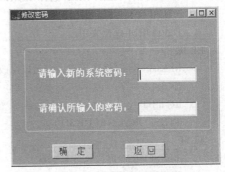

图 12-10　修改密码表单

表 12-13　表单主要属性

属性名	属性值	属性名	属性值
Name	FormChange	Width	375
Caption	修改密码	WindowState	0
AutoCenter	. T.	Visible	. F.
Height	250	BackColor	RGB(128,0,64)

表单界面如下所示：

标签控件两个，分别为：

Name = "Label1"，Caption = "请输入新的系统密码："
Name = "Label2"，Caption = "请确认所输入的密码："

形状控件一个，主要属性为：

Name = "Shape1"，Curvature=20

文本框控件两个，用来接受所输入的新密码，其主要属性为：

Name = "Text1"，PasswordChar = "*"，ForeColor = RGB(0,0,255)，BackColor = RGB(255,255,255)

Name = "Text2"，PasswordChar = "*"，ForeColor = RGB(255,0,0)，BackColor = RGB(255,255,255)

命令按钮控件两个，"确定"按钮的功能是将新密码写入密码表，"返回"按钮的功能是退回到第一张表单：

Name = "CMDchangconfirm"，Caption = "确 定"
Name = "CMDreturn"，Caption = "返 回"

② 事件代码。

cmdcheckconfirm 的 Click 事件：

```
    IF UPPER(ALLTRIM(THISFORM. TEXT1. VALUE))=passw+"0"
    THISFORMSET. RELEASE
    DO FORM 修改表单
ELSE
    MessageBox("密码不对，你无权修改本系统表单!",0+16+0,'口令检查')
    IF n<3
    n=n+1
    THISFORM. REFRESH
ELSE
    THISFORMSET. RELEASE
    ENDIF
ENDIF
```

cmdchange 的 Click 事件：

THISFORM. VISIBLE＝. F.

THISFORMSET. formaw. VISIBLE＝. T.

cmdawconfirm 的 Click 事件：

```
IF UPPER(ALLTRIM(THISFORM. TEXT1. VALUE))＝passw＋"9"
    THISFORMSET. formchange. VISIBLE＝. T.
    THISFORM. VISIBLE＝. F.
ELSE
    MessageBox("密码不对,你无权修改本系统口令!",0＋16＋0,'口令检查')
    THISFORMSET. RELEASE
ENDIF
```

cmdchangconfirm 的 Click 事件：

```
IF THISFORM. TEXT2. VALUE! ＝"" . AND.
        THISFORM. TEXT1. VALUE＝THISFORM. TEXT2. VALUE
    passw＝UPPER(ALLTRIM(THISFORM. TEXT2. VALUE))
    MessageBox("密码修改成功!",0＋64＋0,"设置密码")
    USE passw. dbf
    APPEND BLANK
    REPLACE password WITH passw
    REPLACE changedate WITH date()
    USE
    THISFORMSET. RELEASE
ELSE
    MessageBox("密码有错,请重新输入!",0＋16＋0,"输入密码")
    THISFORM. REFRESH
ENDIF
```

cmdreturn 的 Click 事件：

```
THISFORM. VISIBLE＝. F.
THISFORMSET. formcheck. VISIBLE＝. T.
```

3. 菜单文件的设计

本系统中主菜单项共 4 个,分别为：

数据维护——负责表记录的修改和维护。

浏览查询——负责表记录的浏览和条件浏览。

报表——生成学生成绩单。

退出——系统的退出。

利用菜单设计可完成相关的菜单项设计,各级菜单项如图 12-11 和图 12-12 所示。

4. 主程序文件的编写

主程序 sjmain. prg：

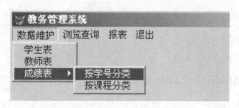

图 12-11 菜单 1

图 12-12 菜单 2

```
&& 设置系统环境
set talk off
set safety off
set deleted on
set defa to d:\sjr\
set sysmenu off
_screen. caption="教务管理系统"
_screen. backcolor=RGB(157,214,225)
_screen. icon="大自然 .ico"
_screen. windowstate=2
&& 确定系统口令
Public passw,n
use passw. dbf
go bottom
passw=alltrim(password)
use
&& 调用主界面
Do form 主界面
read events
```

5. 程序连编

在项目管理器中单击"连编"按钮,选择合适的路径,生成可执行文件。至此,整个系统开发完成。

读者意见反馈

亲爱的读者：

感谢您一直以来对清华版计算机教材的支持和爱护。为了今后为您提供更优秀的教材，请您抽出宝贵的时间来填写下面的意见反馈表，以便我们更好地对本教材做进一步改进。同时如果您在使用本教材的过程中遇到了什么问题，或者有什么好的建议，也请您来信告诉我们。

地址：北京市海淀区双清路学研大厦 A 座 602　　计算机与信息分社营销室　收

邮编：100084　　　　　　　　　电子邮箱：jsjjc@tup.tsinghua.edu.cn

电话：010-62770175-4608/4409　　邮购电话：010-62786544

教材名称：Visual FoxPro 学习辅导与上机实验

ISBN：978-7-302-13955-3

个人资料

姓名：_____　年龄：_____　所在院校/专业：_____

文化程度：_____　通信地址：_____

联系电话：_____　电子信箱：_____

您使用本书是作为：□指定教材 □选用教材 □辅导教材 □自学教材

您对本书封面设计的满意度：

□很满意 □满意 □一般 □不满意　改进建议_____

您对本书印刷质量的满意度：

□很满意 □满意 □一般 □不满意　改进建议_____

您对本书的总体满意度：

从语言质量角度看 □很满意 □满意 □一般 □不满意

从科技含量角度看 □很满意 □满意 □一般 □不满意

本书最令您满意的是：

□指导明确 □内容充实 □讲解详尽 □实例丰富

您认为本书在哪些地方应进行修改？（可附页）

_____

_____

您希望本书在哪些方面进行改进？（可附页）

_____

_____

电子教案支持

敬爱的教师：

为了配合本课程的教学需要，本教材配有配套的电子教案（素材），有需求的教师可以与我们联系，我们将向使用本教材进行教学的教师免费赠送电子教案（素材），希望有助于教学活动的开展。相关信息请拨打电话 010-62776969 或发送电子邮件至 jsjjc@tup.tsinghua.edu.cn 咨询，也可以到清华大学出版社主页（http://www.tup.com.cn 或 http://www.tup.tsinghua.edu.cn）上查询。

高等院校信息技术课程学习辅导丛书

系 列 书 目